작지만 큰 뇌과학 만화

© Duhoo

글·그림 | 장이브 뒤우 Jean-Yves Duhoo

만화가, 일러스트레이터. 1965년 프랑스 리옹에서 태어났다. 청소년 과학 잡지 〈과학과 생명 주니어Science & Vie Junior〉, 만화 잡지 〈뱅!Bang!〉 〈캡슐 코미크Capsule Cosmique〉 등에 정기적으로 연재한다. 국제 무언 만화책 《코믹스2000Comix2000》에 참여했으며 2017년 만화 잡지 〈나의 매일의 토끼Mon Lapin Quotidien〉를 창립해 편집장을 지냈다. 2008년부터 만화 잡지 〈스피루Spirou〉에 과학 만화 '연구소Le Labo'를 연재해 2019년 《연구소의 비밀Dans le secret des labos》을 출간했으며 그 밖의 작품으로 《에콜로빌Écoloville》 《당신의 왼쪽을 돌보라Soigne ta gauche》 《호 아저씨Oncle Ho》 등이 있다.

옮김 | 최보민

한국외국어대학교를 졸업했다. 대학 재학 중 언어와 관련한 다양한 수업과 경험을 통해 번역에 본격적인 관심을 가지게 되어 번역가의 길로 들어섰다. 영어, 이탈리아어, 프랑스어 영상 및 출판 번역을 하고 있으며, 바른번역 소속 출판번역가로도 활동 중이다.

작지만 큰 뇌과학 만화

1판 1쇄 발행 2022. 2. 21.
1판 2쇄 발행 2022. 6. 07.

지은이 장이브 뒤우
옮긴이 최보민

발행인 고세규
편집 이승환 디자인 조명이 마케팅 박인지 홍보 박은경
발행처 김영사
등록 1979년 5월 17일(제406-2003-036호)
주소 경기도 파주시 문발로 197(문발동) 우편번호 10881
전화 마케팅부 031)955-3100, 편집부 031)955-3200 | 팩스 031)955-3111

Original title: MISTER CERVEAU
Author: Jean-Yves Duhoo

Copyright © Casterman 2021
Korean translation copyright © Gimm-Young Publishers, Inc. 2022
All rights reserved

이 책의 한국어판 저작권은 Icarias Agency를 통한 Editions Casterman S.A.과의 독점 계약으로 김영사에 있습니다. 저작권법에 의해 한국 내에서 보호를 받는 저작물이므로 무단전재와 무단복제를 금합니다.

값은 뒤표지에 있습니다.
ISBN 978-89-349-6866-5 07400

홈페이지 www.gimmyoung.com   블로그 blog.naver.com/gybook
인스타그램 instagram.com/gimmyoung   이메일 bestbook@gimmyoung.com

좋은 독자가 좋은 책을 만듭니다.
김영사는 독자 여러분의 의견에 항상 귀 기울이고 있습니다.

작지만 큰
뇌과학 만화

장이브 뒤우

최보민 옮김

김영사

추천의 글

"생일 축하해요, 미스터 브레인!" 하고 매릴린 먼로의 유명한 노래 멜로디에 맞춰 소리치고 싶네요. 뇌가 아니라 당시 대통령 존 F. 케네디를 향해 부른 노래이지만요. 장이브 뒤우가 구상하고 그리고 쓴 《작지만 큰 뇌과학 만화》는 제가 보기에 여러 면에서 정말로 성공적인 작품입니다. 우선 우리의 두개골 속, 두 귀 사이에 위치한 기관의 구조와 기능에 대한 과학적 정보를 아주 명확하게 설명해냈습니다. 내용의 풍부함을 희생시키지 않고도 저자는 자신만의 표현과 상상력을 동원해 이 정보들을 통합했고, 그 방식을 살펴보도록 독자를 초대합니다. 그렇게 우리는 처음에는 차갑고 외부적이었던 정보가 따뜻하고 인간적인 지식으로 변하는 과정을 경험하게 되지요. 장이브 뒤우의 친절하고 재미있는 그림 덕분에 이 지식들은 남녀 누구나 누릴 수 있습니다. 구상부터 글과 그림까지, 저자는 '뇌에 대해 이야기하는 법'을 배우는 프로젝트에 참여하여 뇌와 관련한 단어와 개념을 자신의 것으로 만들고 있습니다. 모든 페이지마다 무거울 수도 있는 내용을 인상적인 그림과 재치 있게 결합했고요. 그러니 여러분의 뇌가 우리의 '미스터 브레인'을 만나기 위해 7년이나* 기다릴 필요는 전혀 없습니다!

리오넬 나카슈
소르본 대학 교수
피티에 살페트리에르 병원 신경과 전문의
파리 뇌연구소(ICM) 연구원

*매릴린 먼로가 주연한 영화 〈7년 만의 외출〉을 암시한다_옮긴이

"나는 생각 그 자체보다 내 생각의 움직임에 더 관심이 있다."

파블로 피카소

미스터 브레인

뇌 그림을 보면 항상 낙담한 채 고통에 사로잡혀 웅크리고 있는 사람이 떠올랐다.

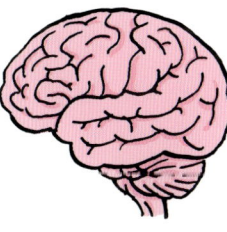

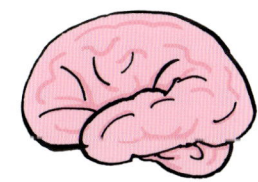

그런데 그가 주름을 펴고 일어난다면?

자신의 두개골 속에 포로로 갇혀 있는 대신에 말이다.

그럼 무슨 일이 생길까?

아마 재밌을 것이다.

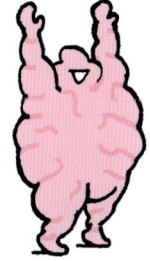

할 말이 정말 많겠지.

맞아!

크고 말랑한 덩어리인 인간의 뇌는 평균 1.36킬로그램으로 별로 무겁지 않아.

실한 닭 한 마리 무게나

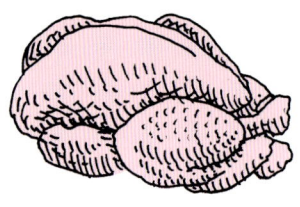

콜리플라워 한 송이 정도

뇌의 겉부분은 주름져서, 머리 크기보다 빨리 성장한다.

특히 인간의 **대뇌겉질**(대뇌피질)은 주름이 많다. →

그게 나아.

안쪽에는 줄무늬체(선조체), 해마, 뇌들보(뇌량) 등이 숨어 있다.

이마엽(전두엽), 마루엽(두정엽), 관자엽(측두엽), 뒤통수엽(후두엽)...

한 조각이라도 떼어내면 문제가 생기는 게 그 증거지.

각 부분은 특정 능력을 책임진다. 언어, 시각, 움직임, 시간이나 색깔 인식 등등...

인간   코끼리

고릴라   개

돌고래   원숭이   고양이   쥐

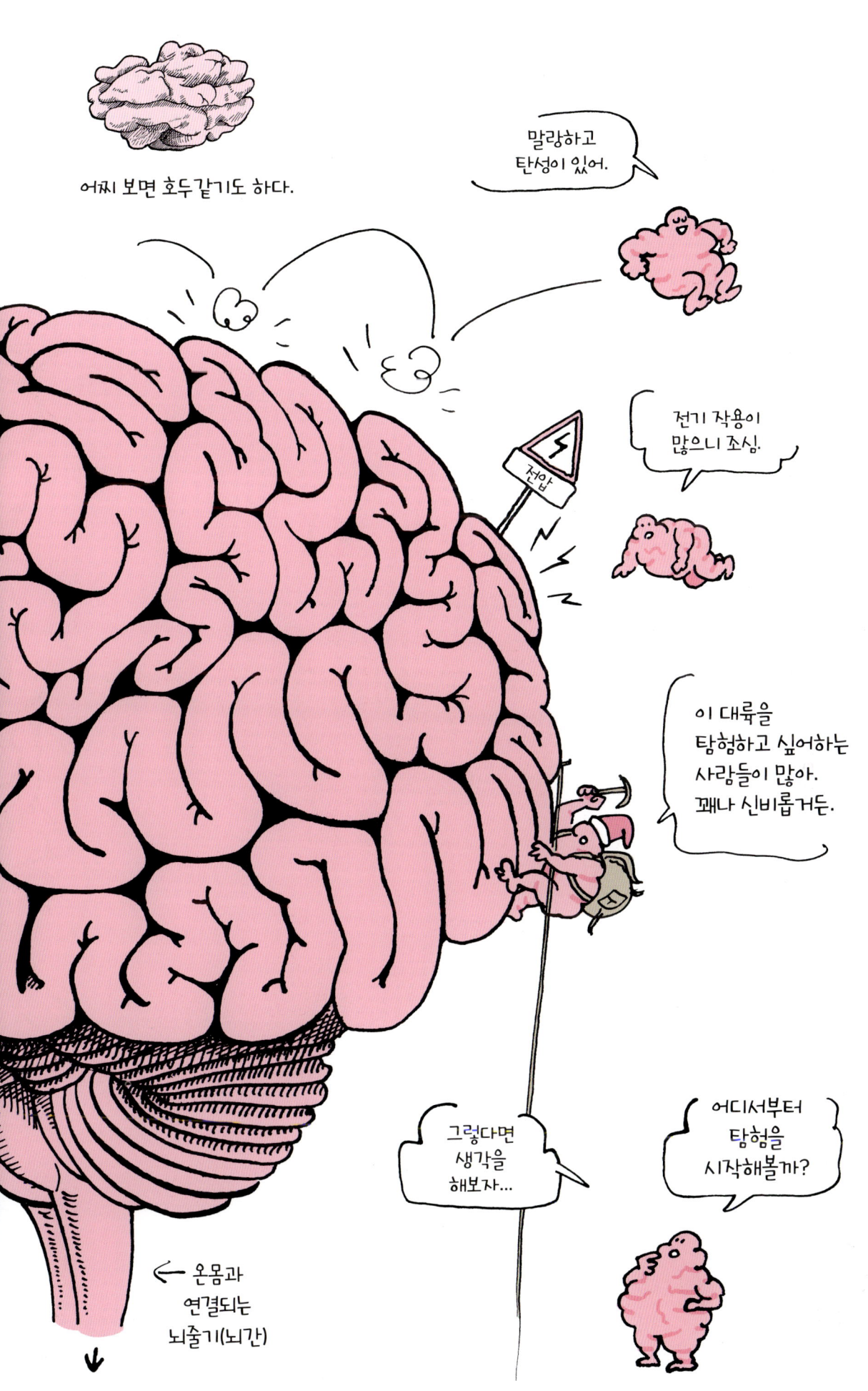

생각

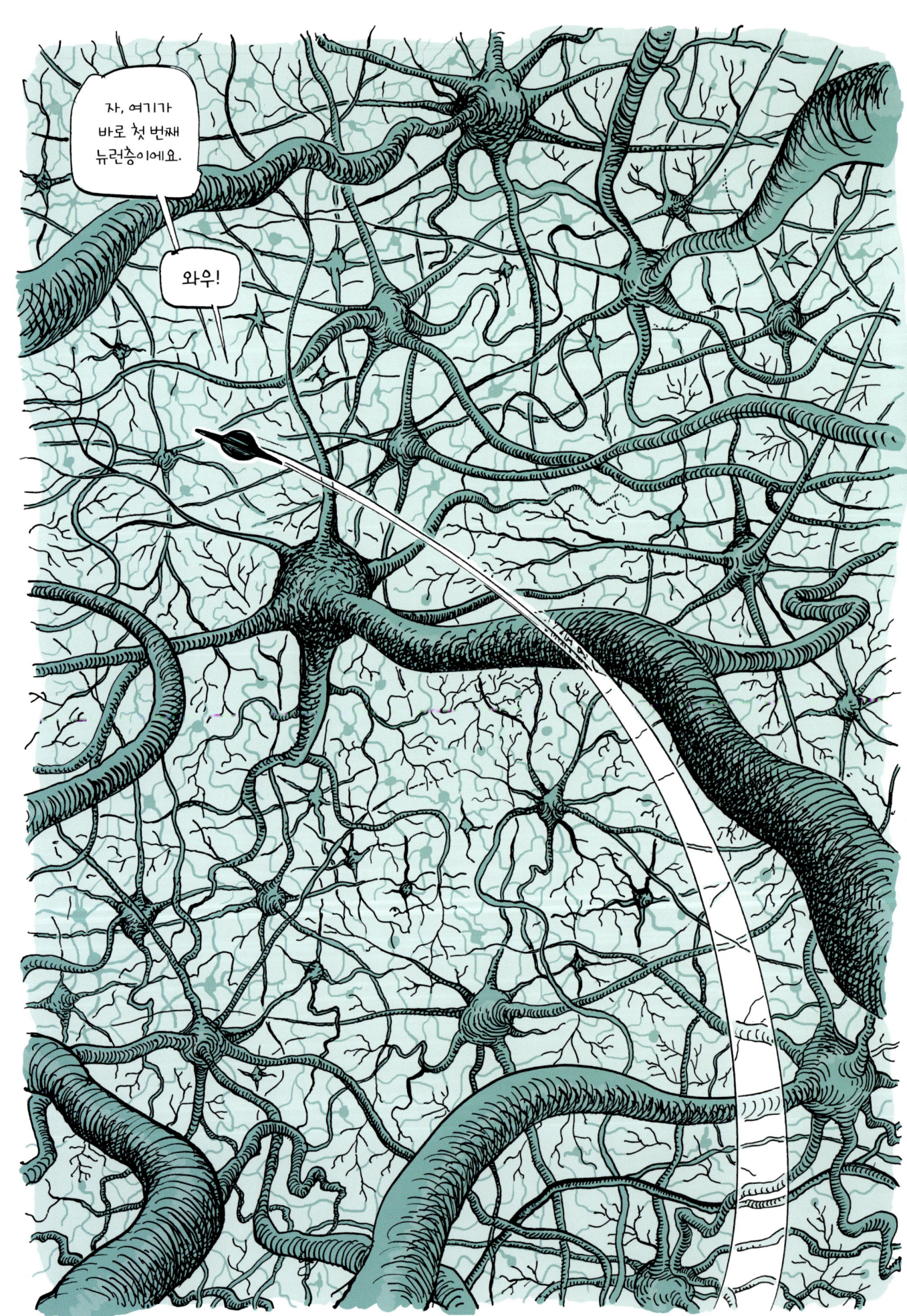

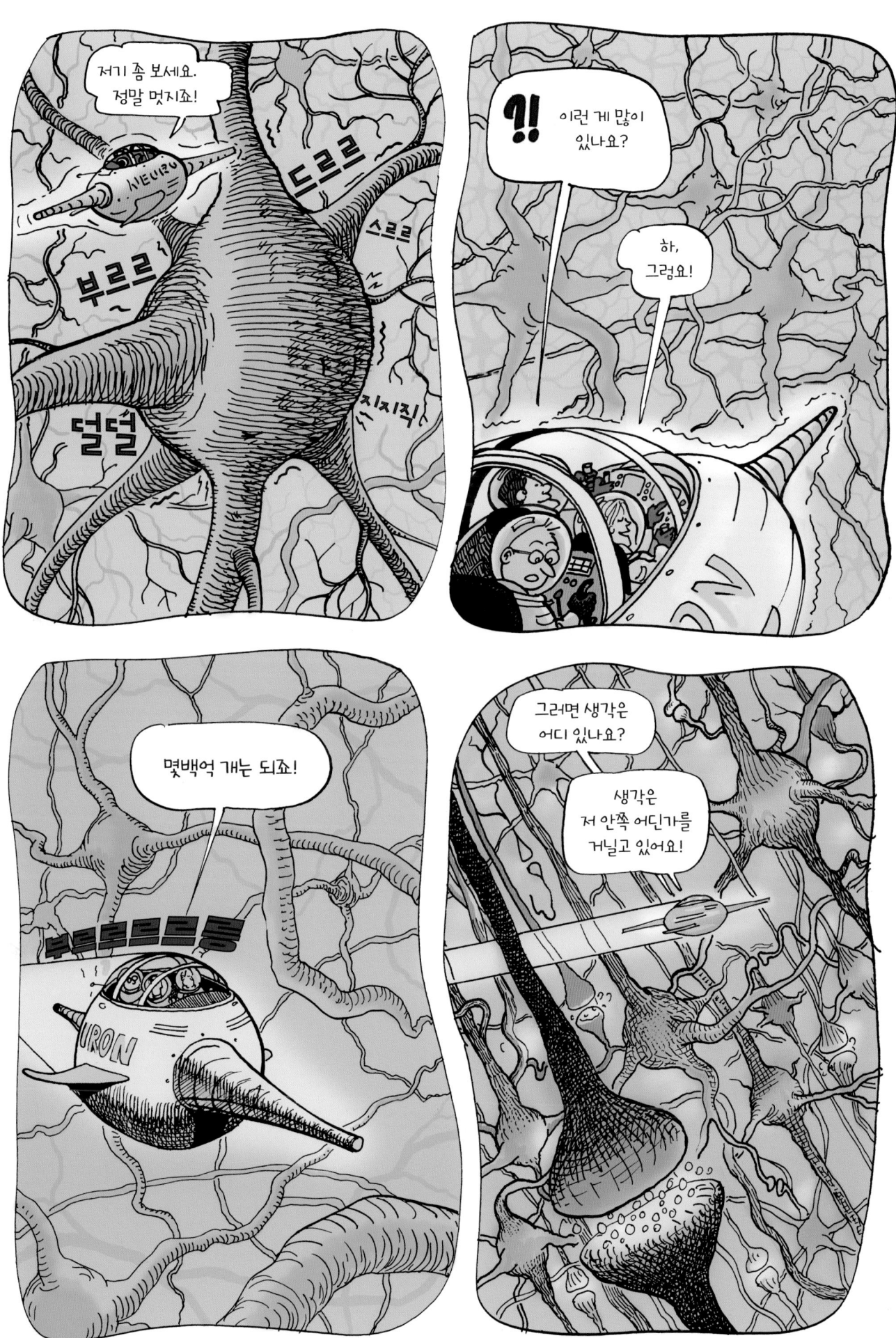

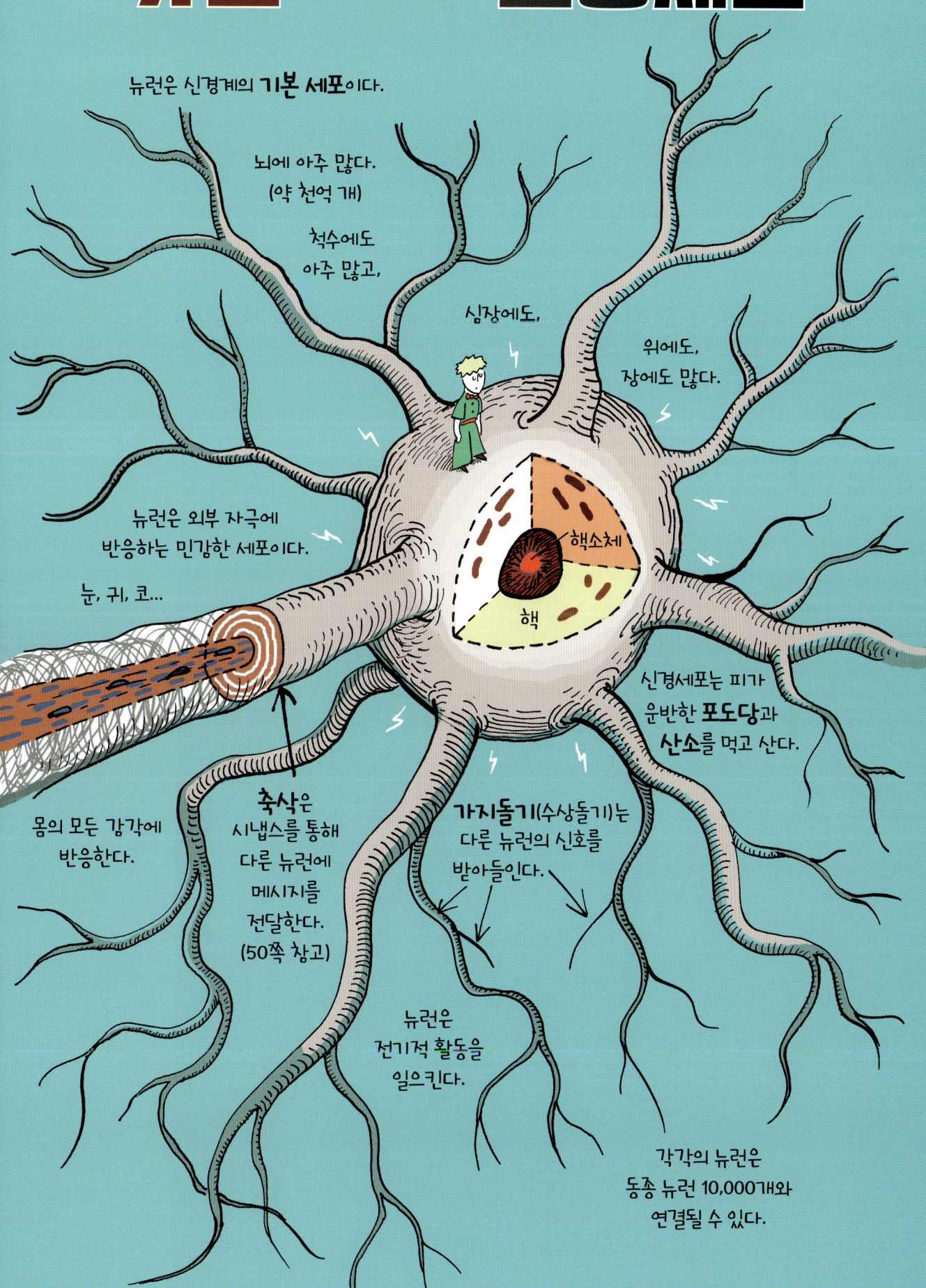

신경(아)교세포

흔히들 정신생활의 핵심이 뉴런의 활동에 있다고 생각한다.

다른 부분은 뉴런을 보호하고, 영양과 산소를 공급하며, 죽은 세포를 청소하는 세포들로 이루어져 있다. 바로 **신경교세포**이다.

우리야!
우리야!
?
우리야!

맞는 말이지만, 뉴런은 뇌의 전체 세포들 중 일부일 뿐이다.

여러 종류가 있다.

미세아교세포(소교세포)
몸의 면역체계를 돕는다.

슈반세포
축삭을 절연하여 보호한다.

희소돌기교세포
역시 축삭을 보호한다.
하지만 똑같진 않아.

별모양인 별아교세포
뉴런을 보호하고 찌꺼기를 제거한다.

얘네들 참 마음에 드는군.

가까이에서 보면 이런 형태이다.

슈반세포
잘 절연되면, 신호를 더 빨리 보낼 수 있어!
말이집(미엘린) 신경미세섬유

뉴런의 **축삭**은 말이집이라는 절연체로 둘러싸인 전선이다. 신경교세포들이 말이집을 만든다.

과학계에서는 신경교세포 개수에 대한 논쟁이 이어지고 있다.

- 신경교세포는 뉴런보다 50배 더 많습니다!
- 아니요, 10배입니다!
- 똑같은 개수입니다!

오랫동안 사람들은 신경교세포가 부차적인 역할만 한다고 생각했다. 하지만 오늘날에는 신경교세포의 역할이 아주 중요하다는 것이 밝혀졌다. 신경교세포는 신경전달물질 분비, 신경세포와 시냅스의 활동 조절 등 많은 일을 한다. (50쪽 참고)

I ♥ 교세포

신경교세포 없이 뭘 할 수 있을까?

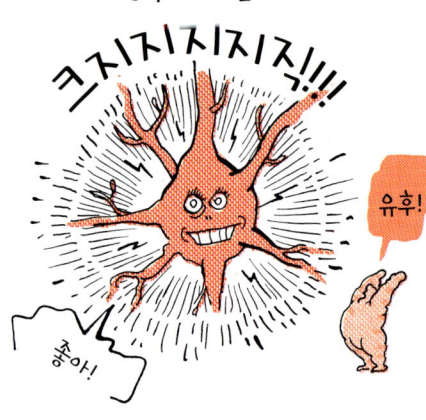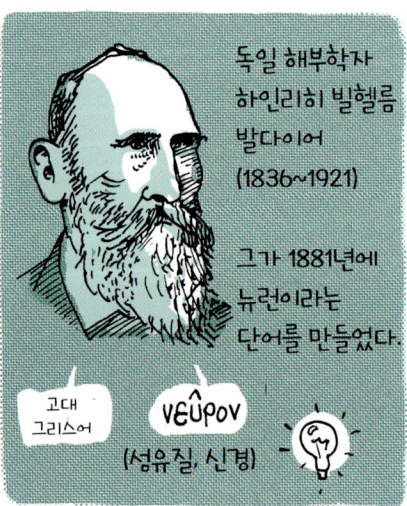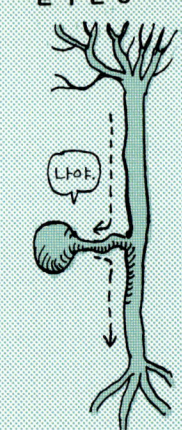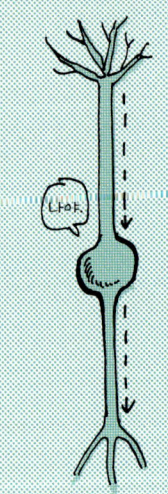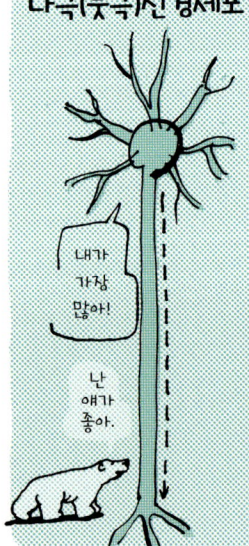

막간을 이용한 약간의 역사

고대에는 생각과 감정의 중심이 심장이며, 뇌는 피를 식히는 역할만 한다고 생각했다.

← 뇌를 표기한 가장 오래된 문자

19세기에는 뇌가 그냥 하나의 큰 세포, 즉 합포체라고 생각했다.

그런데 1873년에 이탈리아 의사 **카밀로 골지**가 질산은으로 신경조직을 염색하는 방법을 알아냈다. 이로써 몇몇 물질을 흑백으로 물들일 수 있었고, 이를 최초로 현미경으로 볼 수 있게 되었다!

그렇지만 골지는 여전히 뇌가 하나의 큰 세포라고 생각했다.

스페인 신경과학자 **산티아고 라몬 이 카할**이 골지의 방법을 사용하여 신경기관의 구조와 하나하나 분리된 수없이 많은 세포를 발견했다.

뉴런이라는 단어는 아직 없었고, 몇 년 뒤에야 만들어졌다. (앞의 뉴런뉴스 참고)

카밀로 골지(1843~1926) ↙   산티아고 라몬 이 카할(1852~1934) ↗

(두 사람 모두 82년을 살았다.)

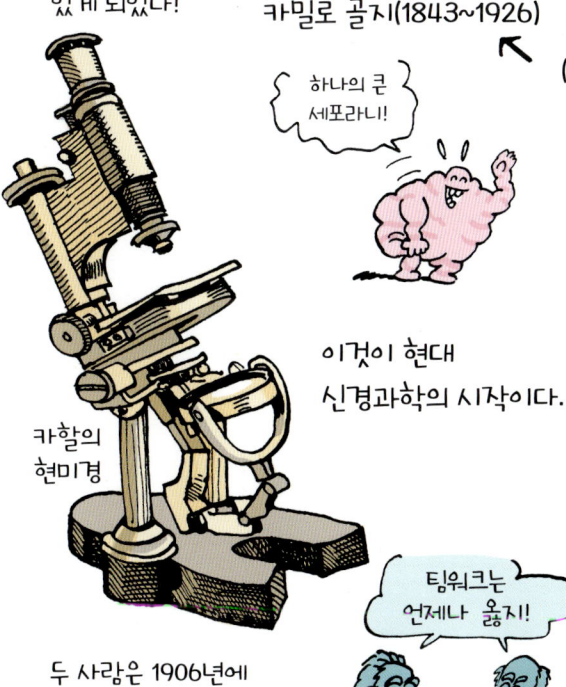

카할의 현미경

하나의 큰 세포라니!

이것이 현대 신경과학의 시작이다.

팀워크는 언제나 옳지!

두 사람은 1906년에 **노벨상**을 공동 수상했다. 골지는 그의 염색 방법으로, 카할은 뉴런 이론으로 받은 것이다.

현대의 현미경보다 성능이 훨씬 떨어지는 간단한 광학 현미경으로, 오늘날에도 감탄을 자아내는 대단히 정확한 그림을 그려냈다. →

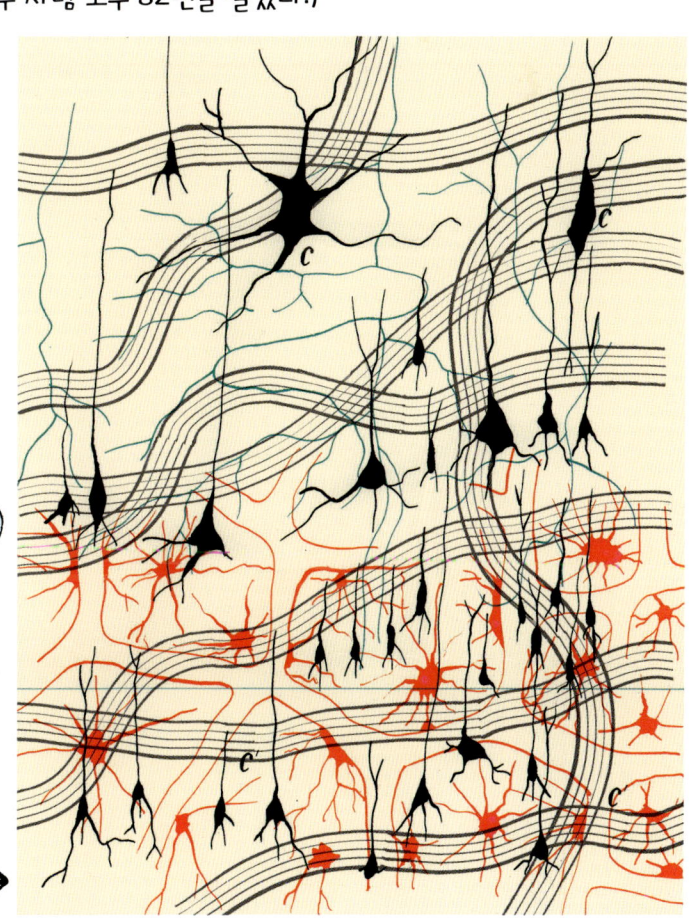

- 21 -

작지만 큰 뇌

지도 만들기

작가 쥘리앵 그린(1900~1998)은 어느 날
파리가 인간의 뇌를 닮은 도시라는 사실을
발견했어.

큰 도로들부터,
교통의 흐름, 불빛,
그늘진 곳까지.

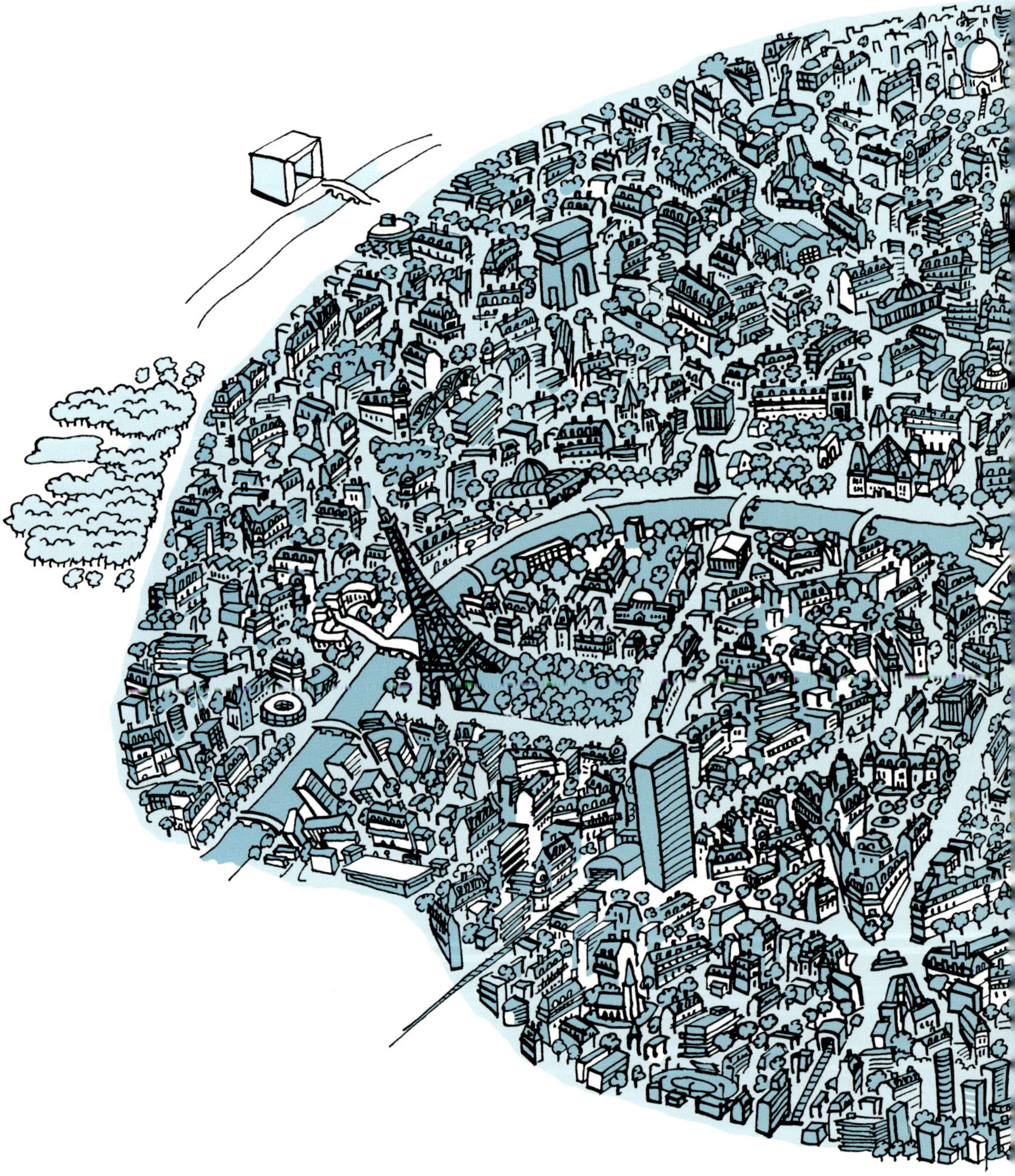

음, 물론 파리는
하루 만에
만들어진 게 아냐...

처음에는, 살아남기 위해 투쟁하는
파충류의 작은 뇌 같았지...

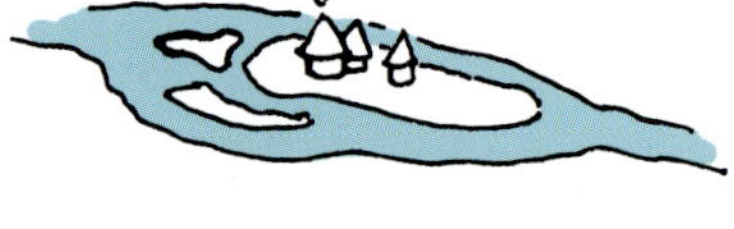

순환하는 곳은 밤낮으로 활발해.

이 대로와 거리, 골목, 광장, 좁은 길들 모두에서 길을 잃을 수 있어.

걷기는 탐험과 발견의 수단이 될 수 있지.

걷지 않으면, 아무것도 못 보는 게 당연해.

다음은 기억과 학습을 맡는 대뇌변연계...

그다음은 자라기를 멈추지 않는 겉질.

어디까지 이렇게 계속되는 거야?

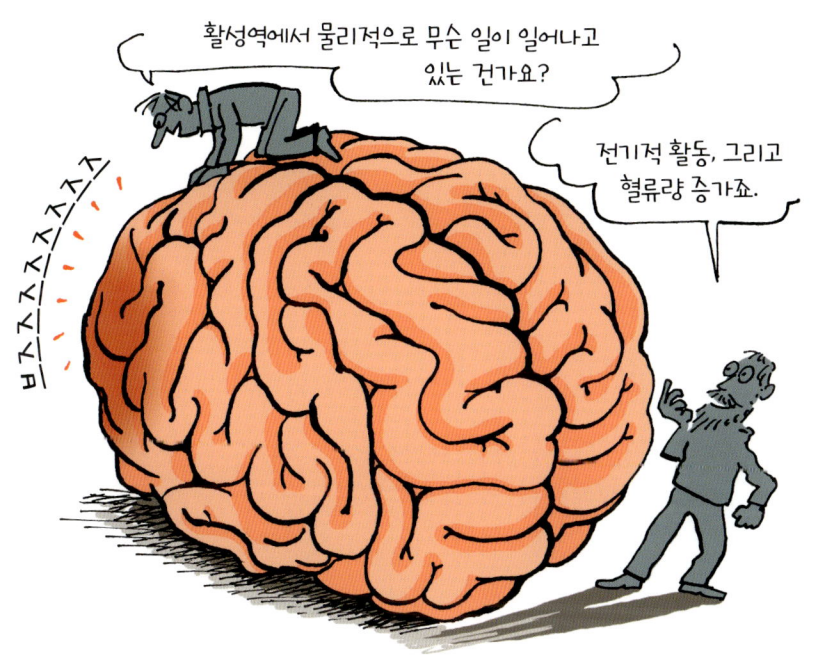
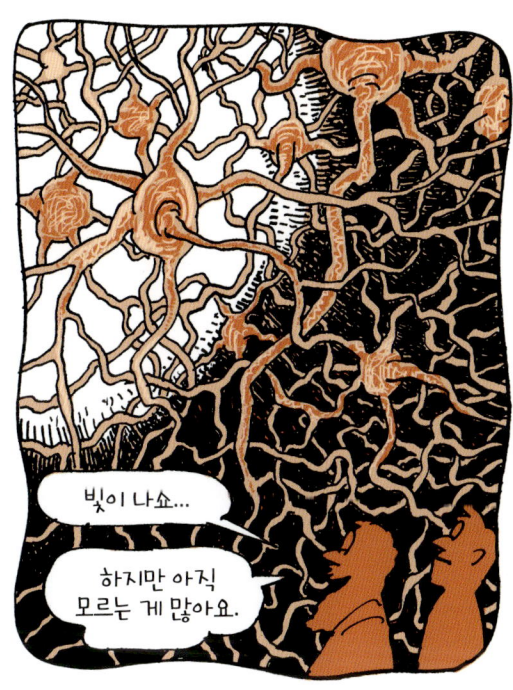

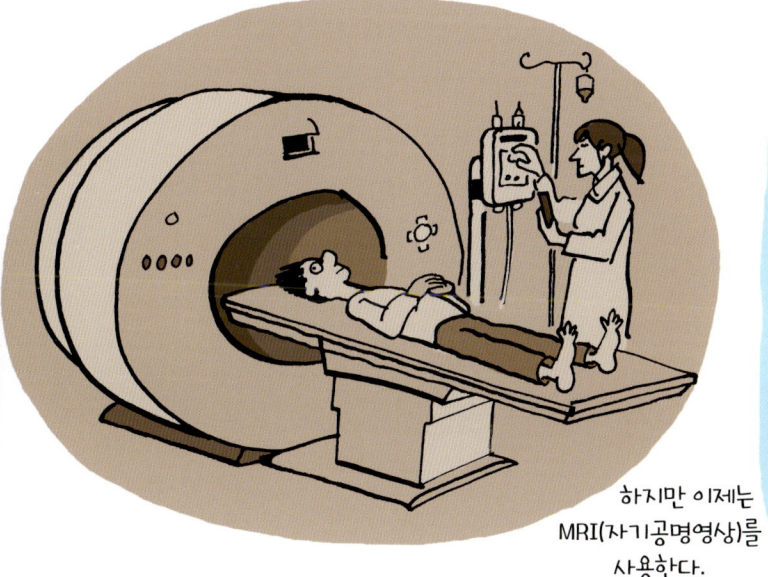
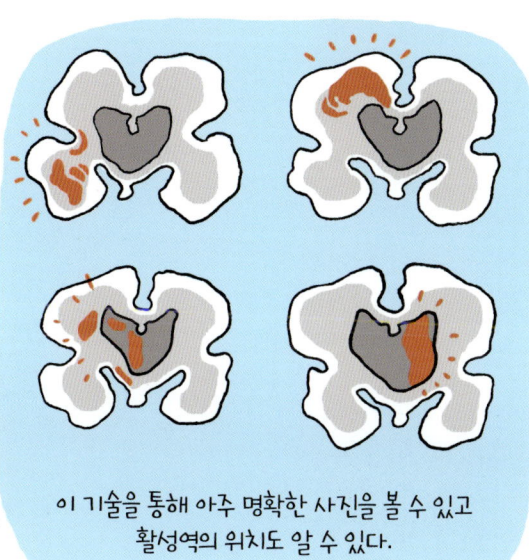

몇몇 색깔을 구별하지 못하는 **색맹**은 **원뿔세포**가 부족한 것이다.

기본적인 시각 장애가 없는 뇌도 문제가 있을 수 있다. 예를 들면 익숙한 얼굴을 알아보지 못하는 경우.

그건 얼굴을 인식하는 영역에 사고나 퇴화로 인한 결함이 생겼기 때문이다.

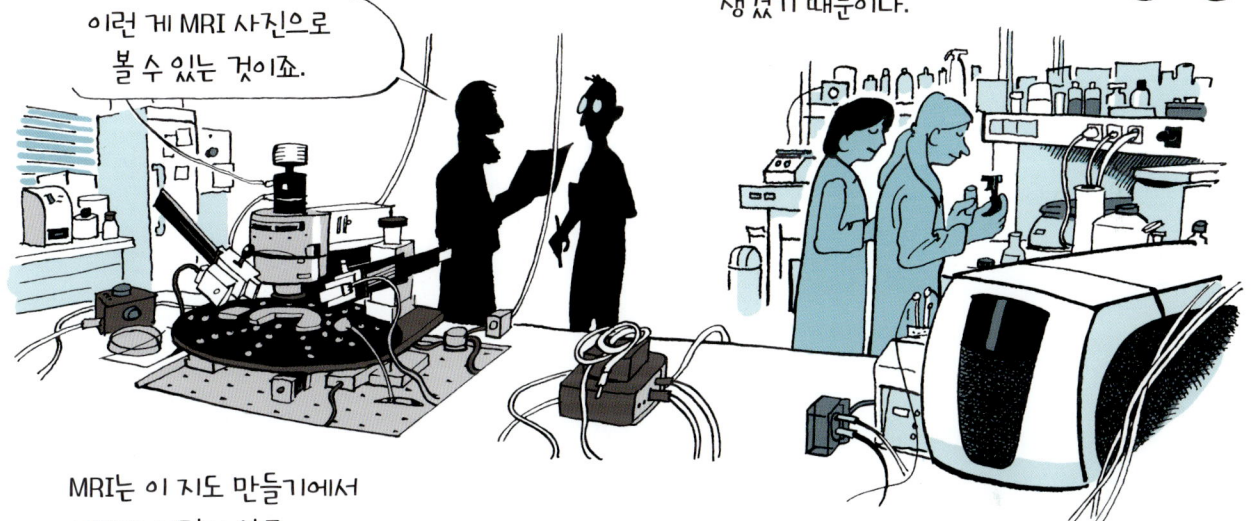

이런 게 MRI 사진으로 볼 수 있는 것이죠.

MRI는 이 지도 만들기에서 어디가 어딘지 알고...

...그 안에서 돌아다니고, 뭔가 잘못된 것을 알 수 있는 방법이다.

얼마 뒤, 작업실에서 배치도를 그려본다.

그곳을 방문하는 동안 경험한 감각들이 한 방울의 액체가 되어 내 해마를 적신다.

그리고 한때 백지였던 곳에...

기억할 만한 구조가 하나 생긴다.

사람마다 다르게 기억할 것이다.

감각으로,

시간의 흐름으로, 색으로...

나는 도면, 그림을 떠올린다.

해마는 기억 정보를 담고 있다.

기억의 형성 및 강화와 관련이 있으며...

길 찾기 능력에도 관여한다.

어떤 해양 동물의 모습과 약간 비슷하게 생겼다.

사실, 이름도 같아서 기억하기도 편하다.

길을 기억해요..

GPS보다 낫구먼.

뇌 반구에 하나씩 2개가 있다.

잘 알려져 있듯, 택시기사들은 놀랄 만큼 기억력이 좋다.

그건 그들의 해마가 아주 근육질이기 때문이다!

맞아!

안녕하세요. 브뤼앙 거리로 가주세요!

네, 알겠습니다!

앙주 부두를 지나갈 수 있나요?

네, 그럼요!

뱅상-오리올 대로도요?

네, 그럼요!

얼마나 걸릴까요?

7분이요!

출발합니다!

HIPPOCAMPUS
월간 해마

그거 알아?

공간에서 우리의 위치에 대한 기억은 대부분 해마에 기록된다!

존 오키프

에드바르드 모세르 / 마이브리트 모세르

이 세 과학자는 장소세포에 대한 연구로 2014년 노벨상을 받았다.

뇌 GPS!

사실, 내 기억력은 발에서 비롯되지.

몸을 움직이지 않으면, 기억을 잘 못해.

H.M.
헨리 구스타프 몰레이슨 (1926~2008)

1953년 미국, 27세의 그는 뇌전증 치료를 위해 뇌수술을 받았다. 측두엽 일부와 해마를 제거했는데, 뇌전증은 사라졌지만 기억을 완전히 상실하게 되었다. 정보를 몇 초 이상 기억할 수 없게 된 것이다!

싹둑!

이 사례는 그의 남은 인생 내내 연구되었다.

해마(海馬)

정말 해마를 닮았나요?

해마 게임

JOE & TAXI

이 단어 목록을 기억하기

말타기	공황
덮개	캠핑
주차	팬케이크
양염소	양자물리학
날카롭다	대패

좋아!

뇌 GPS

우리가 낮에 움직이는 동안 해마의 뉴런들은 이 움직임 정보를 '코드화'한다. 일종의 뇌 GPS 장치인 것이다. 우리가 밤에 잘 때, 이 뇌 GPS는 되살아나서 낮 동안의 움직임을 몇 번이고 반복하여 되풀이한다. 이런 식으로 기억을 형성하고 강화할 뿐 아니라 낮에 겪은 모든 일을 안정적으로 통합한다. 이 공간적 좌표 체계는 기억 기능의 핵심이다!

내가 어디 있게?

내가 몰라서 그래.

키케로(기원전 106~기원전 43)에 따르면, 긴 글을 외우는 방법은 자신에게 익숙한 장소를 상상하고 동선을 생각한 후 기억해야 할 글의 일부를 시각화하여 동선에 따라 곳곳에 놓아두는 것이라고 한다. 이 방법을 '기억의 궁전'이라고 하는데, 사람들이 지금까지도 기억하는 것을 보면 분명히 좋은 방법일 것이다!

형상 기억

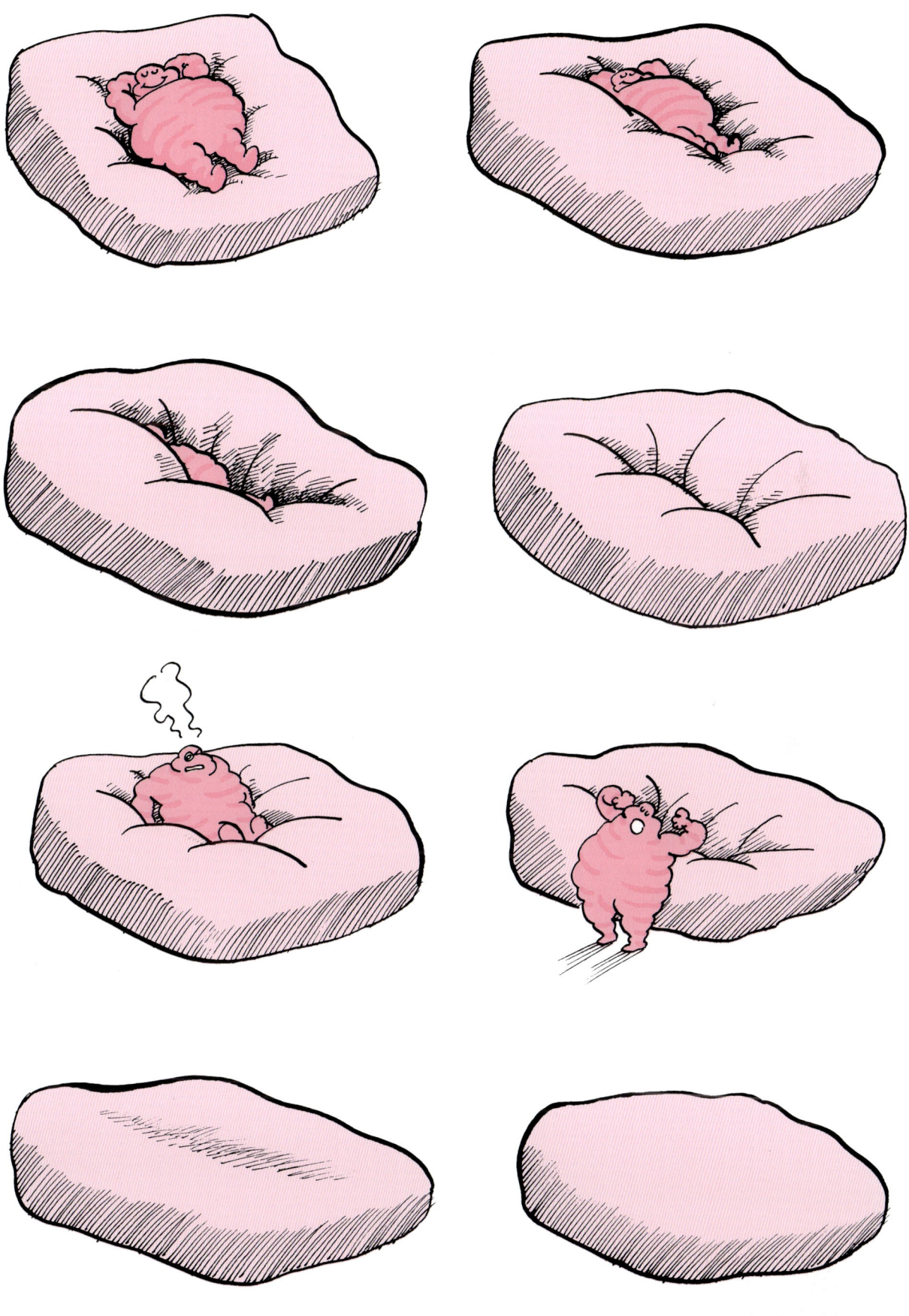

그 후 점차적으로, 이 네트워크는 확정적인 형태로 자리를 잡는다. 조금 굳기 시작해 효율성을 좀 더 높일 수 있게 된다.

나이를 먹으면서 계속 그런 식으로 뉴런의 수는 점점 더 줄어든다. 하지만 연결이 되어 있고 해당 부분에서 순환만 한다면, 문제는 없다.

사실, 중요한 건 이 시스템이 생기 있고 말랑말랑한지...

...건조하고 딱딱한지의 문제가 아니다.

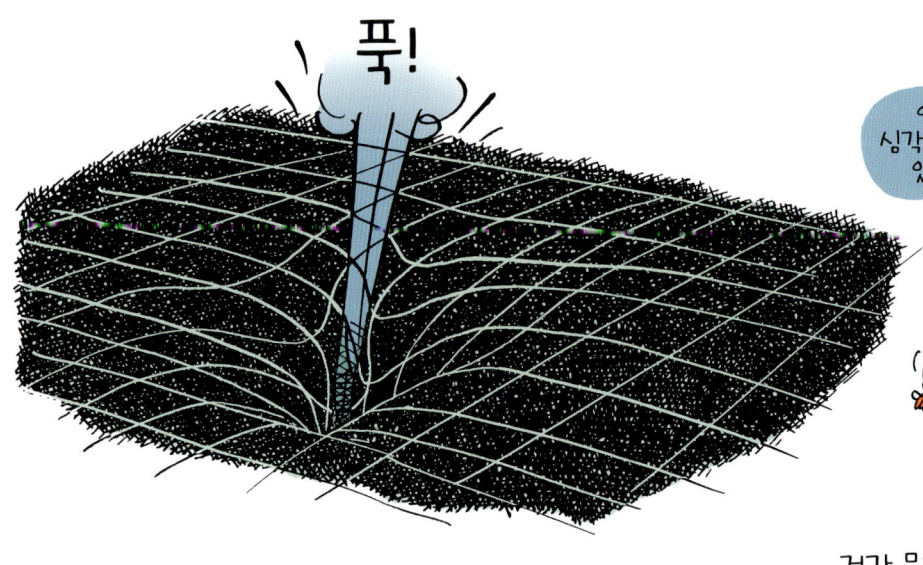

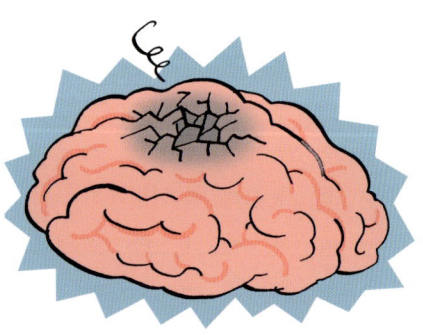
뇌졸중은 뇌의 일부가 제대로 작동하지 않아서 나타나는 증상이다.

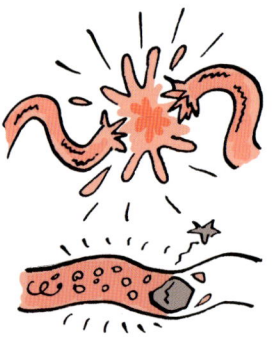
원인은 혈관 파열이나...

동맥의 혈전...

...건강 문제나 사고일 수 있다.

피가 부족해 질식한 뉴런은 죽는다.

때때로, 가벼운 뇌졸중은 쉽게 회복된다.

뇌는 손상된 부분을 피해가면서 스스로 회복하고 새로운 연결을 재구성할 수 있다.

하지만 심각한 경우에는 뇌 일부의 기능이 상실된다. 손상된 부분에 따라, 관찰되는 결과는 아주 다를 수 있다.

걸을 수 없음 / 말할 수 없음 / 기억을 잃음 / 모든 게 헷갈림 / 한 팔이 마비됨 / 가족을 알아보지 못함

레미는 5년 전 뇌졸중을 겪었다.

난 집에서 일을 하고 있었어.

검은 베일이 눈앞에 드리웠을 때...

난 그게 뇌졸중이란 걸 바로 알았지.

아무것도 보이지 않았다.

거리로 나가서 아무나 붙잡고 구급차를 불러달라고 했다.

구급차는 아주 빨리 왔고, 나는 전문병원으로 이송되었다.

난 응급실에서 오래 기다렸다. 몇 가지 검사를 받았다.

내 증상을 잘 살피고 기다리는 것 말고는 할 일이 없었다.

내 뇌에서 시각중추의 일부가 손상되었다고 했다.

시야의 일부가 사라졌다. 오른쪽 아래다.

설명하기는 정말 어렵다. 그냥 보기에는 정상처럼 보이기 때문이다.

온전한 시야와 비교하면...

내 시야에는 일부분이 없다.

그리고 난 그걸 잘 의식하지 못한다.

없는 부분이 있다는 걸 스스로 명심해야 한다. 그걸 잊어버리면 위험해질 수 있다.

난 그럭저럭 괜찮다. 운이 아주 좋았다고 생각한다.

샛길

이 동네의 어떤 거리.
오르막길이다.

근처의 큰길.

그리고
이 둘 사이의
샛길.

낮에는 열려 있고 밤에는 닫히는
창살 대문 너머로 건너편이 보인다.
어떤 사람들은 항상 이 길을 이용한다.
먼 길을 돌아가지 않아도 돼 아주 편리하다.

그 건물에 사는 사람들은 자기네 창문 밑으로
행인들이 지나다니는 게 싫었다. 어수선하고
지저분해진다는 이유였다. 사람들은 더이상
그곳을 지나다닐 수 없다. 그 샛길에는
어떤 흐름이 있었는데, 이제는 끊겨버렸다.
이제 사람들은 더 멀리, 길을 돌아가야 한다.
행인들의 흐름이 달라졌다.

그런데 어느 날,
금속판이 창살을
덮었다.

얼마 뒤,
문은 완전히 막혔다.

어려운 건 아니지만 불편하다.
그 길이 있었을 때가,
빛이 그 길을 통과할 때가 더 좋았다.

Plasticity

feat. 벨기에 뮤지션 플라스틱 베르트랑

네트워크 & 사회

시냅스 체조

- 타성에서 벗어나기
- 새로운 것들을 배우기
- 안정제나 수면제 끊기
- 움직이기, 근육 운동
- 사교 활동, 세상을 보기
- 음식 골고루 먹기

노재미와 안신나

노재미와 안신나는 매일 저녁 집에서 같은 시간에 습관적으로 드라마를 본다!

가소성 : 5/20

저게 누구야?! 플라스틱 베르트랑!
친구들이랑!
한잔하자! 좋지!
춤추자!
유후!

잘 시간이 훨씬 지난 시간에 플라스틱을 들뜬 노재미와 안신나를 두고 떠난다.
플라스틱, 너 때문에 어지러워!

브라보 플라스틱!

가소성 : 18/20

50세 이후에 가소성을 잃으셨나요? → 아코디언을 연주해보세요

하 하하 하하

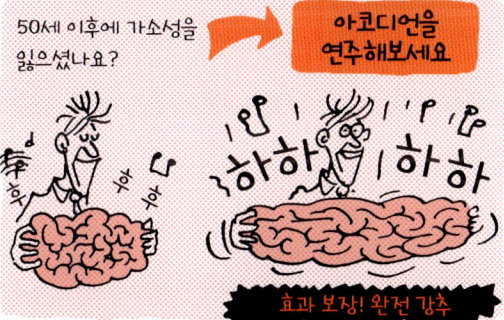

효과 보장! 완전 강추

자크 교수의 자크 가라사대

오늘은 뇌엽에 관한 모든 것

마루엽 이마엽
뒤통수엽 관자엽

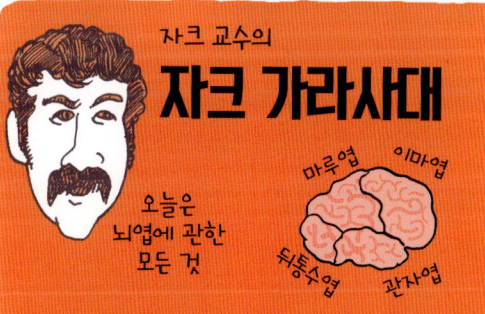

이마엽(전두엽)은 이성과 언어, 움직임의 연결을 주관한다.

관자엽(측두엽)은 청각, 기억, 감정을 주관하며, 형태를 알아볼 수 있게 한다.

마루엽(두정엽)은 몸에 의식을 불어넣고 환경과 공간 인지를 가능하게 한다.

뒤통수엽(후두엽)은 보이는 것을 분석하고 해석하며, 몸의 신호를 통합한다.

그러면 뇌가 당신에게 고마워할 것이다.
아주 좋아요.

학습(學習)

기억력은 가소성에서 비롯된다. 새로운 것을 배울 때, 시냅스의 연결이 변하고 새로운 연결이 형성된다. 뉴런들을 잇는 연결은 강화되며, 과정을 반복할수록 효과가 커진다. 예를 들어, 라퐁텐 우화 하나를 외우고 기억하면 그에 관한 뉴런의 연결이 발달, 강화된다!

가소성은 뇌 기능을 위한 연료라고 볼 수 있어.

아, 좋아.

돈뭉치

생각해봐, 나한테 1,000억 뉴로가 있다고! (돈으로 치면...) $ $ $

그걸로 뭘 하면 좋을까? 조금 잃어도 문제없어. 집 열두 채는 필요없지.

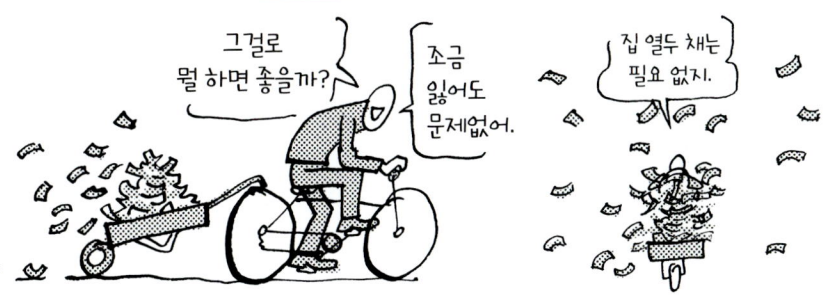

내 뇌는 너무 뜨거워.   신경세포는 붓고   가지돌기는 쇠퇴하고

         축삭은 말할 것도 없고   해마는 도망가고

     시냅스는 무너지고

겉질은 너무 복잡하고   편도체는 흥분 상태고   뇌들보도 별 볼 일 없고

         소뇌는 야위고

제길, 내 뇌는 온통 구질구질하구나.
가소성을 지키려면 어떻게 해야 할까?   뇌 반구는 낙담하고

         이마엽은 아프고   뒤통수엽은 덜걱거리고

말이집은 닳아 떨어지고   관자엽은 흩어지고

     마루엽은 원기가 없고   기억은 깜빡거리고

연결은 잘 안 되고

     세포들은 우글거리고   뇌줄기는 잘 안 돌아가고

제길, 전부 개떡같네.   온 방향으로 비틀거리네.
내 머리엔 대체 뭐가 든 거야?   언제 멈추는 걸까?

신경학자의 불평   프랑스 가수 겸 코미디언 가스통 우브라르의
〈내 비장은 팽창한다〉(1934)의 곡조에 맞춰

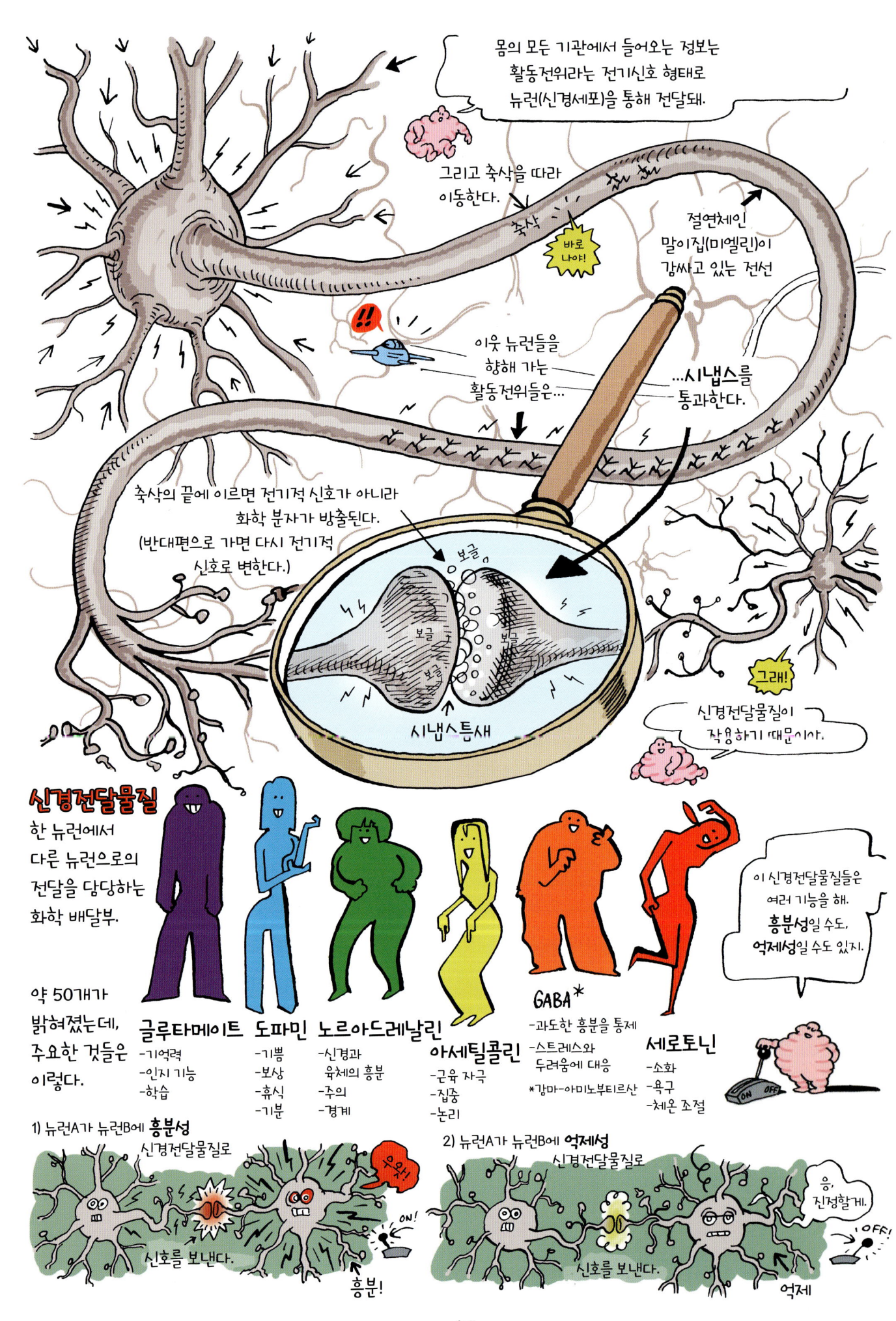

회색질 1세제곱밀리미터 = 신경 네트워크 연결 4킬로미터	# 시냅스 이브닝	일반적인 뇌 1,500세제곱 즉 네트워크 15,000배

№ 1000100101 ≡ 그리스어 SYN(함께) + HAPTEIN(결합하다)

천문학적 숫자

시냅스는 우리 뇌에서 가장 작은 구조로 그 크기는 약 50나노미터, 즉 0.00000005미터이다! 가장 많은 수의 분자를 포함하는 것도 시냅스이다.

1천억 개의 뉴런들은 각각 10,000개 이상의 시냅스와 연결된다!

그렇다면 뇌의 시냅스는 최소한 약 1천조 개인 것이다!

뭐가 더 많을 수 있을까?

뉴런의 활동을 관찰하기 위해 연구자들은 인간 뉴런의 1천 배 크기인 오징어 뉴런을 이용할 생각을 해냈다!

인간 뇌의 시냅스가 *무한 시냅스* **연결될 수 있는 경우의 수는 우주에 있는 원자의 수보다 많다.**

오토 뢰비

1921년에 독일 출신 약리학자 오토 뢰비는 꿈속에서 시냅스와 신경전달물질의 기능을 알아냈다. 종이 귀퉁이에 메모를 한 후 다시 잤는데, 이튿날에는 아무것도 기억이 안 났고 메모도 읽을 수 없었다!! (다행히도 그날 밤 같은 꿈을 꿨고, 그는 노벨상을 탔다.)

매트릭스: 난 패트릭이야, 전기신호. / 난 친구가 많아!! / 맞아! / 몇십억이야! / 수십억, 수백억! / 수천억!! / 정말 많아!

EPSP = 흥분성 시냅스 이후 전위   **IPSP** = 억제성 시냅스 이후 전위

휘익! 그래, 자네들, 꾀를 써.

오토 뢰비

글루타메이트

글루타메이트는 식품의 첨가물을 일컫기도 한다. 글루탐산에서 나오는 **글루탐산 나트륨**은 음식에 짠맛과 풍미를 더해 맛의 균형을 맞춰주며, 특히 아시아 요리에 많이 들어간다.

가소성

시냅스의 지리학은 유동적이며, 항상 변화한다. 시냅스는 탄생하고 살고 죽고 다른 곳에서 태어나기를 멈추지 않는다. 이 영속적인 움직임은 뇌 가소성을 위해 매우 중요하다.(40쪽 참고)

하지만 갈증을 유발하니 남용하지 마!

일곱 글자로 된 흥분성 신경전달물질... / 노르아드레날린? / 우와, 당신 정말 잘 아네, 멋지다! / 어떻게 알았어? / 십자말풀이에서 봤지. / 기억력 강화에 좋아.

기능 자기공명 영상법
- fMRI -

뇌의 구조와 활동을 보기 위한 큰 장치

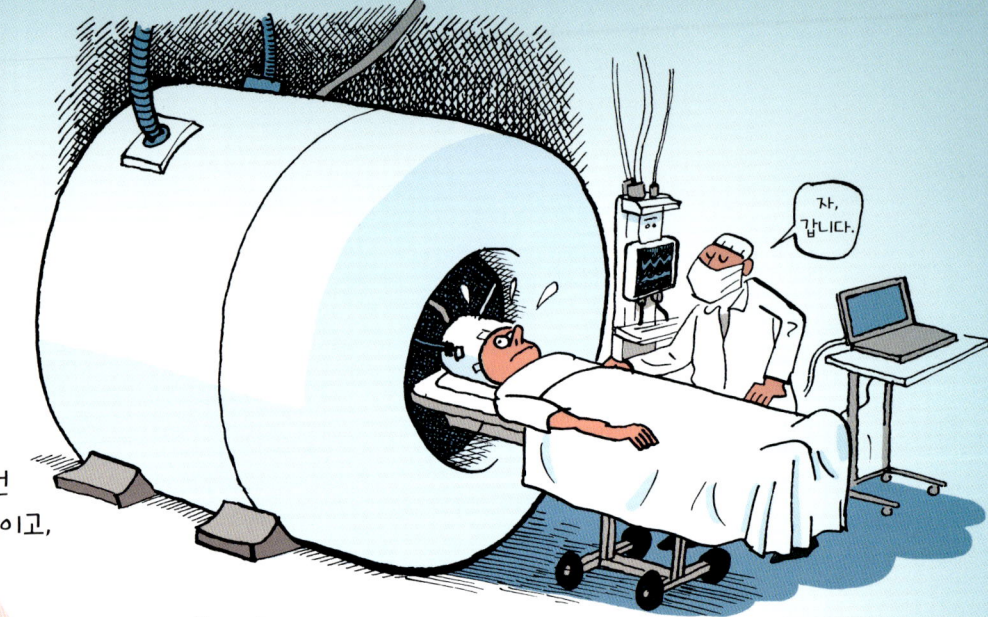

사실 이건 거대한 자석이고,

환자의 몸 전체가 그 안에 들어간다.

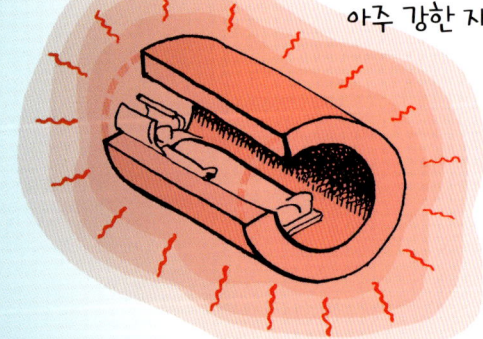

이 자석이 만들어낸 아주 강한 자기장 때문에,

몸의 세포마다 들어 있는 수소 원자가 자기장 방향으로 정렬한다.

무작위로 흩어져 있는 원자핵

자기장 방향으로 잘 정렬된 원자핵

그러고 나서 전자기파를 조정하면 원자핵의 정렬 상태가 바뀐다.

하지만 모두 같은 속도로 움직이는 건 아냐.

우린 모두 달라.

이렇게 하면 컴퓨터로 이런 다양한 움직임, 혈류의 산소 수준을 관찰하며 뇌의 영역마다 일어나는 일을 정밀하게 볼 수 있다.

라이브! 뇌 활동

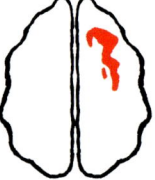
계산 문제를 푸는 환자

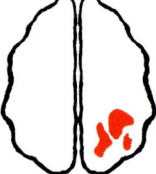
뭔가를 보는 환자

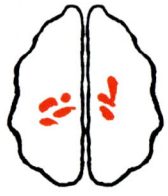
음악을 듣는 환자

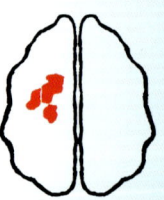
말을 하는 환자

처음에는 이 기술을 핵자기공명이라고 불렀대.

그런데 사람들이 그 이름을 무서워해서 안에 들어가는 걸 꺼리니까 이름을 바꾼 거지.

나쁘지 않네!

초파리

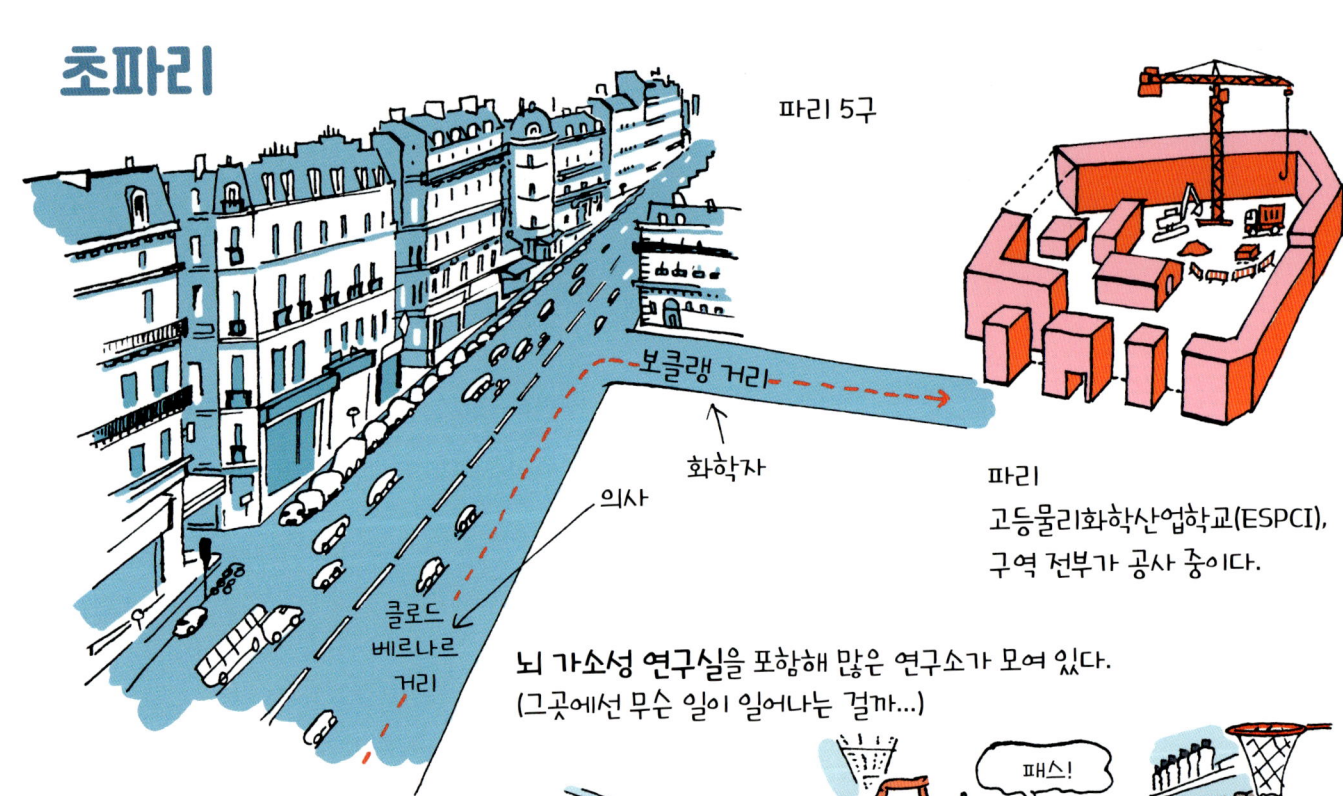

파리 5구

보클랭 거리
화학자
의사
클로드 베르나르 거리

파리
고등물리화학산업학교(ESPCI), 구역 전부가 공사 중이다.

뇌 가소성 연구실을 포함해 많은 연구소가 모여 있다.
(그곳에선 무슨 일이 일어나는 걸까...)

패스!

이 연구실에서는 초파리의 뇌를 연구합니다.

꿀꺽
작은 뇌예요. 1/3밀리미터 크기죠.

그런데도 뉴런이 약 10만 개나 있어요.

인간 뇌 뉴런 수의 100만분의 1 정도죠.

그 크기 덕에 전체적인 연구가 가능합니다.

초파리, 작은 과일 파리: 학명 Drosophila는 '이슬을 좋아한다'라는 뜻.

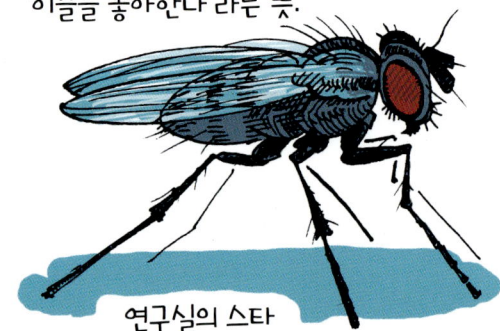
연구실의 스타

우린 완전한 뇌 지도 만들기에 착수했어요.

디폴트 모드

우리가 특정한 일에 집중할 때는
뇌의 특정 부위가 활성화된다.

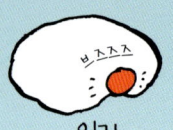
읽기

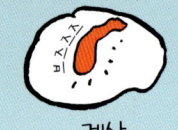
계산

말하기

장 보기

하지만 특수한
상황이 있다.
휴식하고 몽상에
잠길 때…

…뇌가 특정한 일에
자극을 받지 않고
무의식 상태가 될 때 말이다.

조세핀:
천체물리학자,
몽상하는
성향

외부 세계와의
교류 없이
내면세계를
향하고 있는 상태.

극도로 활성화된 상태:
디폴트 모드

- 특정한 일
  예) 글쓰기
  활성화

- 불특정한 일
  예) 몽상하기
  뇌의 양쪽
  네트워크가
  넓게
  활성화

하워드는 세금신고서를
작성한다. 아주 집중한
상태다.

하워드는 휴식한다.
그의 뇌는 더 이상
일하지 않는다.

몽상하거나 잘 때의 뇌는
정지 상태이거나 거의 아무 일도 하지
않을 거라고 생각할 수 있지만,
실은 완전히 반대이다!

그럴 때 뇌의 모든 영역은 서로 대화하기 시작한다. 이는 직관을 강화한다 —
설명하기 힘들지만 종종 떠오르는 생각들 말이다. 기억력 강화에도 좋다.

뇌를 규모가 큰 심포니 오케스트라에 비유해보자.
악기별 그룹들은 서로서로 대화를 한다.
여러 소리, 소음들이 겹겹이 쌓이고,

정적 구간, 불협화음도 있다… 그리고 정기적으로 오케스트라
지휘자의 지휘봉이 모두를 같은 리듬으로 조화시킨다.

"우리의 뇌는 은밀하고 조용하게 두개골 안에 봉인되어 있다.
뇌는 우리의 눈, 귀, 코, 피부라는 감지기를 통해서만 세상에 접근한다.

우리가 보고 느끼는 모든 것은
전선, 즉 시냅스와
신경세포를 통해 전달된다.

그리고 뇌가
그 현실을 재구성한다.

시냅스의 수를 바탕으로 계산하면,
뇌는 1초에 1경 번의 작업을 한다.

컴퓨터보다는 훨씬 적지만,
상호연결의 수는 더 많다.

몇 년 안에 우리는
인간의 뇌를 복제할 수 있게 될 것이고,
그 프로그램은 의식을 갖게 될 것이다."

(에르베 르 텔리에의 소설 《아노말리》에서 인용)

암호

뇌가 받는 자극은 전기신호 형태로
한 뉴런에서 다른 뉴런으로 이동한다.

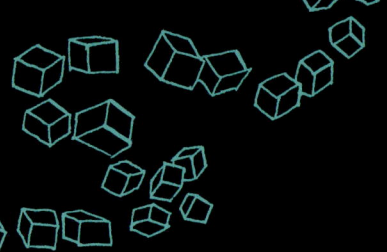

복잡한 구조물의 형태로...

일종의 경로, 궤도를
따라간다.

뉴런들이 서로 소통하기 위해
사용하는 언어.

우리의 생각 하나하나는 이런 뉴런의
형상과 하나씩 연관된다.

공간과 시간 속에서 움직이는

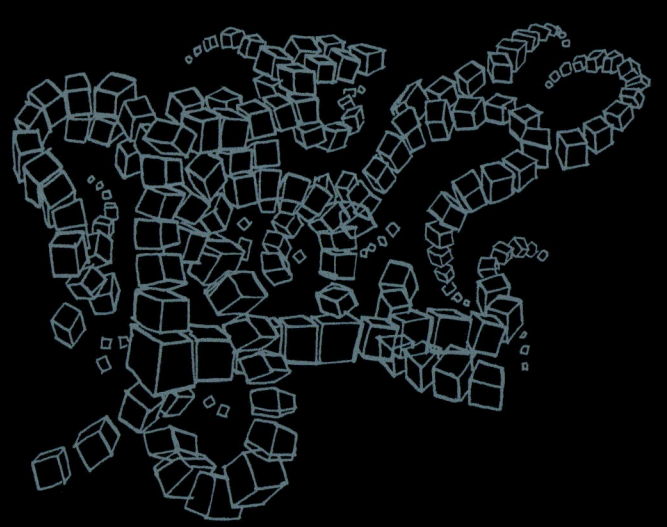

생각 정보의 암호화.

 우리는 그걸 해독하고자 한다.

"신경과학자는 뇌의 암호를 푸는 해커와 같다."

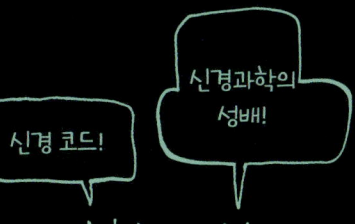

극도로 신난 신경과학자들

겉질기둥 형태로 정렬된 이 빛나는 대조 도식 어때요, 친애하는 동료님?

괴장하네요, 친애하는 동료님.

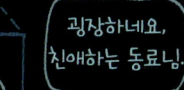

사실 우리는 이미, 일차시각겉질의 뉴런 구조를 관찰하고, 인지된 시각 형상을 해독하여 피실험자가 보고 있는 것을 추론해낼 수 있다.

뇌에 전극을 심어놓은 쥐의 생각 경로를 재구성할 수도 있다. 쥐가 그 경로를 상상만 해도, 재구성이 가능하다.

머지않아 하나의 뇌에서 다른 뇌로, 뇌에서 기계로 바로 소통을 하거나 인공 장치를 생각만으로 조종할 수도 있을 것이다!

절단 수술을 받은 사람의 운동겉질에서
방출되는 전기신호를 감지함으로써
우린 이미 시작 단계에 들어섰다.

어떤 움직임을 생각하면 근육에 있는
전극들이 그 생각에 반응을 하고
그 신호를 컴퓨터에 보낸다. 컴퓨터는
인공 팔다리에 명령을 내린다.

이것이 **신경보철**이다.

"안녕, 잘 지내?"

뇌-기계 인터페이스가
뉴런의 활동을 해독한다.

인공기관은 점점 발전하고
인공 손가락의 촉감 감지도
정밀해지고 있다.

감금증후군은 뇌와 나머지 신체의 소통이 단절되는 것이다.
환자는 의식이 있지만 몸은 완전히 마비되고, 눈꺼풀과 눈만
움직일 수 있다. 그래도 우리는 그와 소통할 수 있다.

(^-^) (-.-) (;_') (°^')

완전히 의식이 있는 뇌

완전히 움직이지 않는 몸

뇌는 두개골에 둘러싸여
어둠 속에 떠 있다.

뇌줄기의 손상으로
어떤 신호도 더 이상
몸으로 전달되지 않는다.

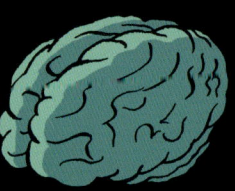

만약 눈조차 없다면?

그래도 뇌 활동을 기록하는 뇌파로
소통이 가능하다.

아니라고 말하려면 집에서
소파에 앉아 있다고 생각하세요.

그렇다고 말하려면 테니스를
치고 있다고 생각하세요.

"난 테니스를 친다."

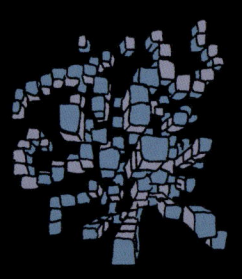

"나는 집에 있다."

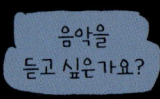
음악을 듣고 싶은가요?

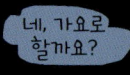
네, 가요로 할까요?

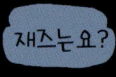
재즈는요?

좋아요.

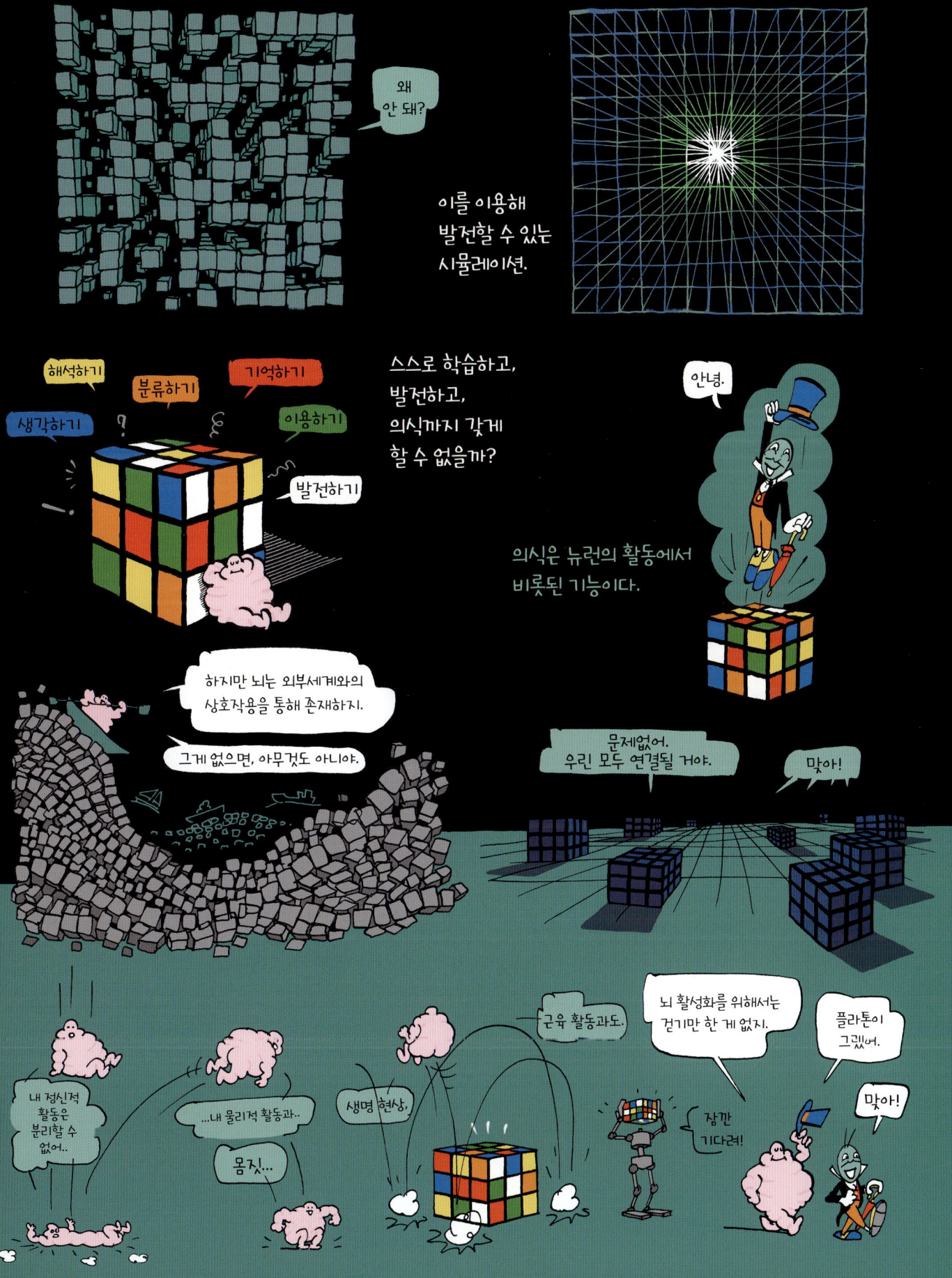

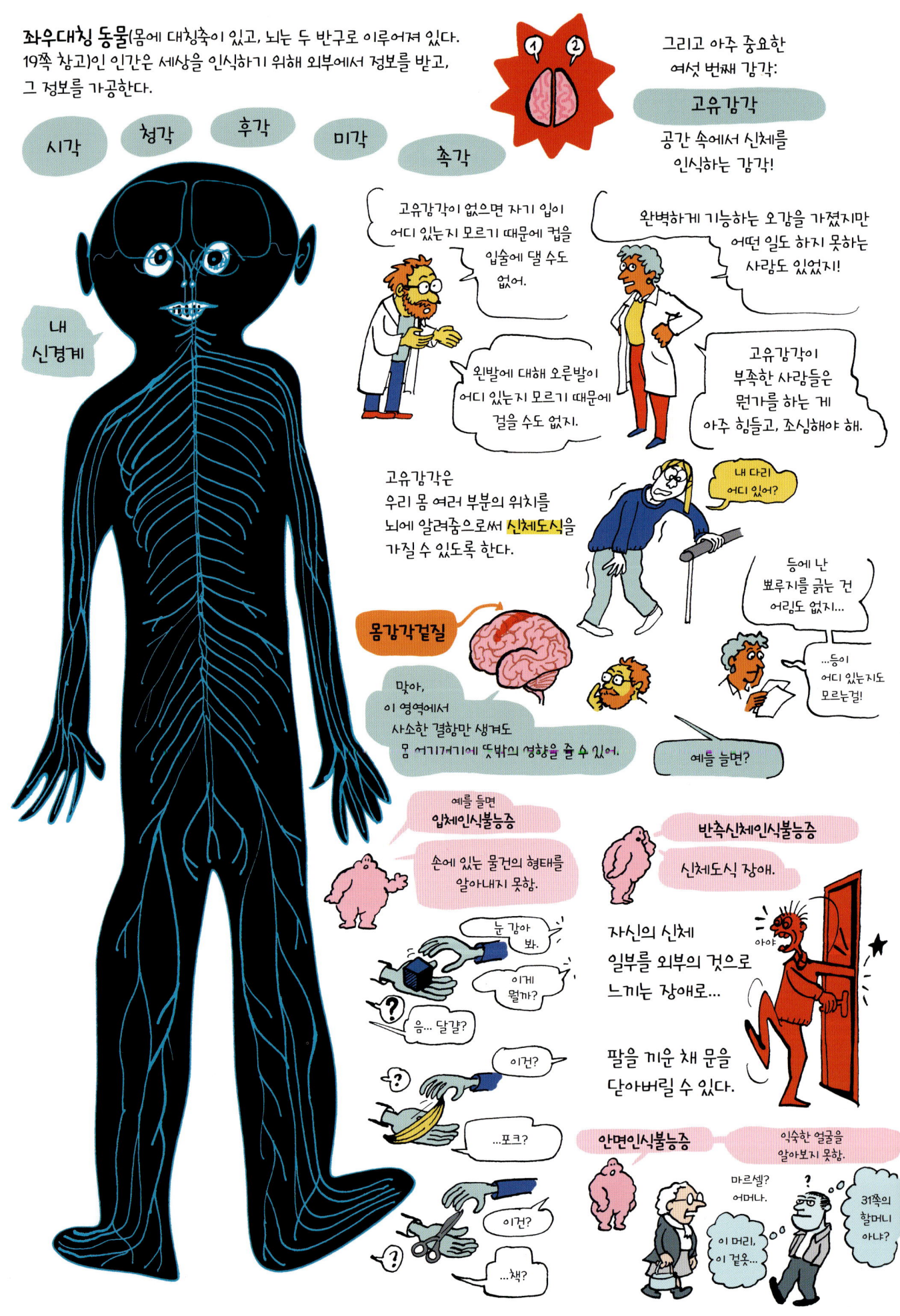

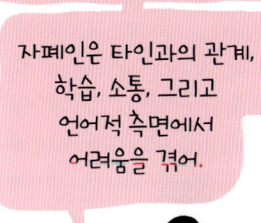

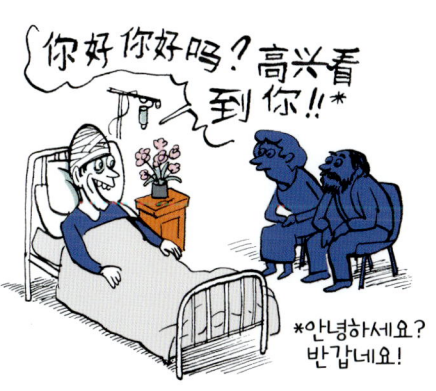

예전에는 뇌전증 치료를 위해 뇌들보를 잘랐다. 뇌의 반구를 분리시켜 발작을 막으려던 것인데...

...결과적으로 환자는 서로 정보교환이 안 되는 두 개의 다른 의식을 갖게 되었다! 이제 이런 수술은 더 이상 하지 않는다.

알츠하이머병이 있으면 점차적으로 뉴런을 잃는다. 해마가 가장 먼저 영향을 받고 환자는 기억을 잃는다.

공간적 지표라고 말씀하셨나요?

그거 알아?
기억력에 영향을 미치는 특정 질병은...
...디폴트 모드 네트워크 근처에 집중해서 나타난다.

몽상은 뇌 건강에 도움이 될까?
응
확실해.

파킨슨병은 흑색질의 뉴런이 점점 사라지는 것이 특징이다.
움직임은 느려지고, 근육은 굳으며, 손과 팔이 떨린다.

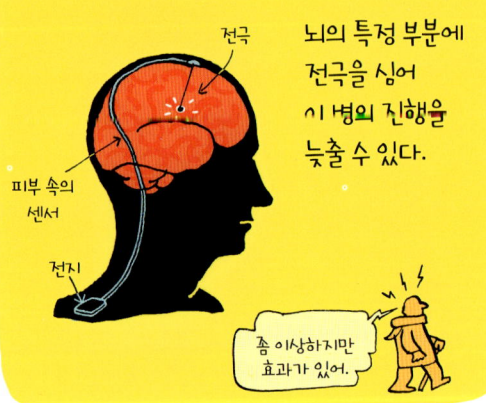

전극
뇌의 특정 부분에 전극을 심어 이 병의 진행을 늦출 수 있다.
피부 속의 센서
전지

좀 이상하지만 효과가 있어.

앨리스는 심하게 넘어진 후로 미각과 후각을 잃었다.

2년 동안 난 헛통증을 느끼는 것처럼, 이상한 냄새를 맡았어.

음식은 아무 맛이 안 나서 플라스틱을 먹는 것 같았지.

조금씩 익숙해졌어. 내가 느낀 것들에서 미묘한 차이를 찾을 수 있게 됐지.

갑자기 심한 우울증이 오기도 했어.

그런데 13년 후 어느 날, 감각이 되돌아왔어! 상처가 나은 거야.
내가 잊어버렸던 모든 냄새를 다 맡을 수 있었어. 정말 놀라웠지!
6개월 동안은 이기가 된 것 같았어. 내 뇌가 정보 분류를 못 해서 모든 걸 새로 배워야 했으니까.

알베릭의 두 눈은 아주 잘 보인다... 하지만 한쪽 눈은 정보를 뇌로 전달하지 못한다!

"분류 센터의 오류"

결과: 잘 넘어지고 실수가 많다!

이제 이 길로는 못 지나가.

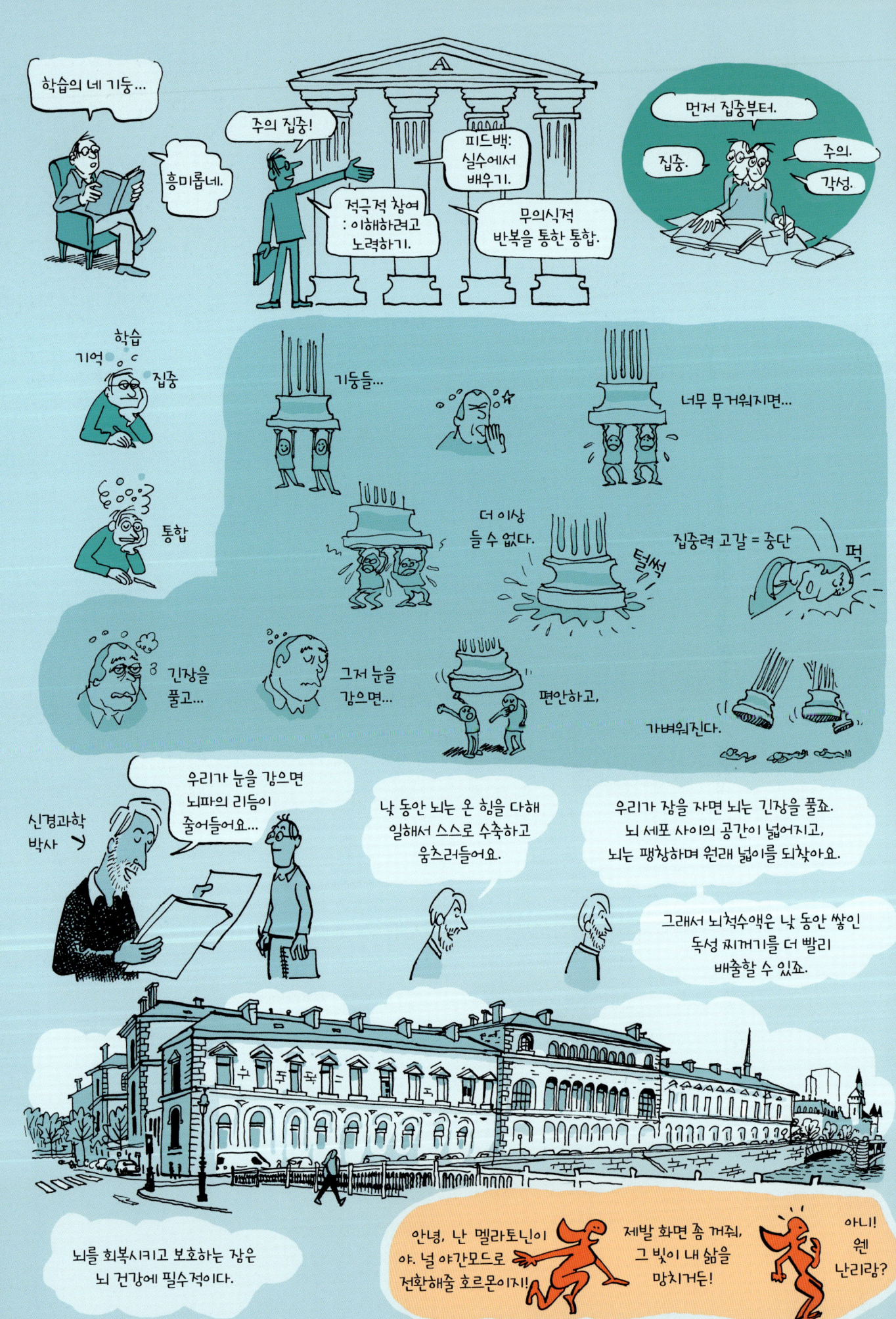

기억

안녕하세요? 일화기억, 서술기억, 의미기억, 직관기억, 절차기억, 작업기억의 차이가 뭔가요? 전부 기억하는 게 힘들어요. 좀 도와주시겠어요?

👍 8828　　댓글 727개

뇌파

우리의 뇌는 파동을 방출한다. 일상적인 활동을 하는 보통 때에는 베타파가, 명상을 할 때는 알파파가 나오고, 마음챙김 명상처럼 깊이 집중을 할 때는 세타파가 발생한다. 델타파는 잠이 들었을 때 나타난다.

커넥트 코믹스
브로카 영역 페이지에 여러분을 초대합니다.

돌고래는

잠을 잘 때, 뇌의 반쪽씩 번갈아가며 잠을 잔다. 실용적이다!

로봇이 아님을 증명하시오
뇌를 포함하는 그림을 클릭하세요.

거울뉴런
누군가가 먼가를 하는 걸 관찰하면, 뇌 활동으로 그걸 재현해낸다!

트랜스 휴머니즘

과연 부활하고 회생하고 스스로 개선하는 인간을 만들 수 있을까?

"아, 치통이 있던 옛날이 좋았지."

"병에 든 뇌는 쓸모없어!"

광고
KONNECT 소셜 미디어

뇌에 좋은 **대구 간** 기름
더 알아보기

커넥트 코믹스 NEW
... 최신 정보 ...

아시나요? 어떤 동작을... | 직접 할 때와... | 상상만 할 때... | 뇌에서 발생하는 신호는... | 거의 같다는 사실!

→ 광고
KONNECT 소셜 미디어
이제 친구 500억 명 연결

던바의 수 = 150

겉질의 허용량과 발달된 언어 능력을 고려해 추산한, 개인이 진정한 교류를 하고 관계를 유지할 수 있는 사람의 최대 수. 이 수를 넘어서면, 너무 많아, 자리가 없다.

👍 149

"150? 어이가 없네." "나쁘지 않은데 왜."

생각

"난 내가 생각한다고 생각해." "무슨 생각해?" "고로 난 존재해." "생각 중."

목표에 도달하라!
그리고 줄무늬체로 보상회로를 활성화하라.

아셨나요? 음악은 이곳의 교류를 활성화시킵니다. 어디일까요?
정답: 뇌의 두 반구

말을 할 때와... | 손짓을 할 때...

활성화 되는 건... 같은 영역이야!

부우우웅

피자 몇 개?

피자 여섯 종류가 있는 메뉴...

바지카	모짜렐라
토마토	노르딕
버섯	샐러드

...열두 종류가 있는 메뉴...

바지카	페퍼로니	노르딕
토마토	시칠리아	샐러드
버섯	아보카도	올리비오
모짜렐라	크런치	베수비오

...스물네 종류가 있는 메뉴...

크런치	바지카	아티초크
시칠리아	로케타	부라타
비스트로	카브레라	나투라
노르딕	토마토	플라비오
토스카나	베수비오	버섯
올리비오	모짜렐라	샐러드
파르미자나	크루타	트러플
아보카도	페퍼로니	부팔라

...우리의 뇌는 선호하는 게 있다.

맞아!

"난 피자 열두 종류가 있는 메뉴를 선호해!"

"여섯 종은 좀 적어서 지루하고!"

"스물네 종은 너무 많아서 헷갈려."

"12개가 완벽해! 편하게 볼 수 있어서 제일 좋아."

맛있게 드세요!

낮의 햇빛은
다음에 이롭다

잠-체온-소화-심장박동-호흡-세포분열

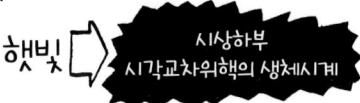
햇빛 ⇨ 시상하부 시각교차위핵의 생체시계

맞아!

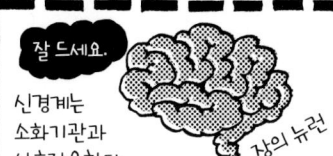
"잘 드세요." 신경계는 소화기관과 상호작용한다. 장의 뉴런

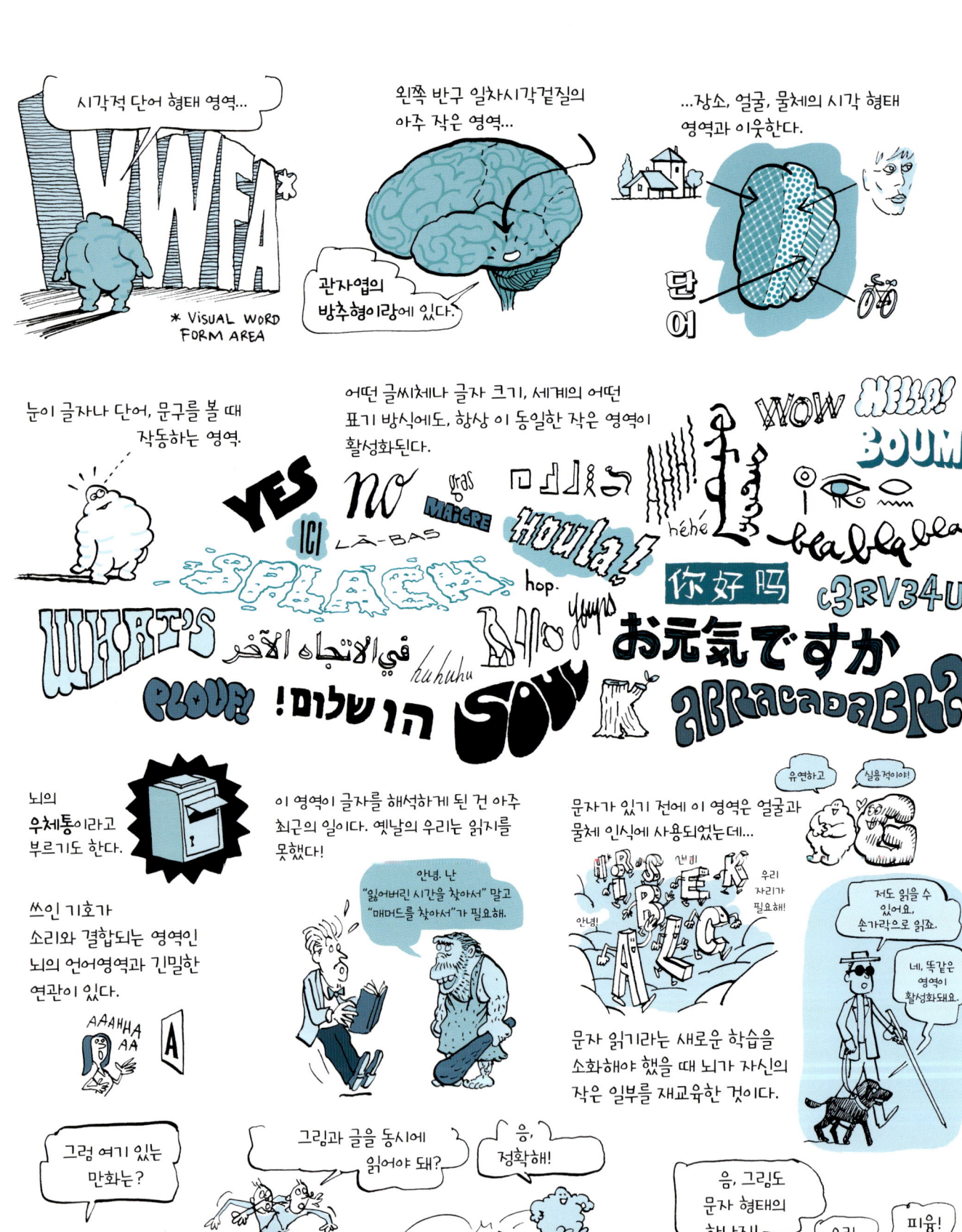

글자 읽기 영역이 손상된 사람은 여전히 글을 쓸 수는 있지만... 쓴 글을 읽지는 못한다!

이런 손상의 경우, 다음과 같을 수 있다.
- 글자를 하나씩만 읽고 단어는 못 읽음.
- 단어 전체는 읽을 수 있는데 한 글자씩은 못 읽음.
- 글자와 단어를 읽을 수 있으나 문장을 이해 못 함!

언어는 점점 귀뿐만 아니라 눈으로도 학습되기 시작했다.

하지만 입말의 신경구조는 글말의 그것보다 한참 전에 등장했다.

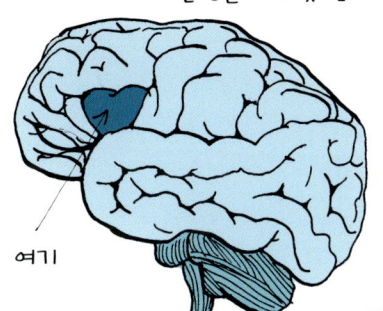

전문적인 기능이 파악된 최초의 영역들 중 하나는 1861년에 발견된 **폴 브로카**의 언어영역이다.

폴 브로카
1824 - 1880

브로카는 '**탄**'이라는 음절밖에 말하지 못하는 환자를 관찰했다 (환자의 이해력에는 문제가 없었다).

이 환자는 곧 죽었는데, 브로카가 그의 뇌를 연구해보니 언어 생성에 관여하는 아주 특정한 부분에 손상이 있었다.

그때부터 이 영역을 **브로카 영역**이라고 부른다.

'탄'이라고 불리던 르본 씨의 뇌, 포르말린 안에 보존되어 있다.

파리, 브로카 거리.

지대가 낮은 경사지에 좀 구불구불한, 이야기와 역사가 담긴 거리.

브로카 영역은 말하기와 관련이 있어. 말할 문장을 만들고 발화할 수 있게 준비하지.

정보는 운동겉질로 전달돼. 거기서 신경세포가 실제 말을 하는 입과 후두의 근육으로 명령을 전달하는 거야!

그럼, 생각은?

고속도로야 아니면 샛길이야?

아, 난 말이야, 우리가 자유롭게 다닐 수만 있으면 상관없어.

감사의 글

프랑수아즈 에르멜과 장미셸 에르멜(파리 사클레 신경과학 연구소), 앙드레 클라르스펠드(파리 ESPCI), 셀린 파예트(INSERM), 윌리엄 로스틴(INSERM 시각연구소) 교수의 원고 검토와 지원에 감사드린다. 아틀리에33 그리고 변함없는 신뢰를 보여준 엘하디 야지와 나탈리 반 캠펜하우트에게도 고맙다는 말을 하고 싶다.

본문에 인용한 글들을 쓴 리오넬 나카슈, 스타니슬라스 드앤, 브리스 파러트(오텔 디유 병원 수면 및 각성 센터), 프랑시스 외스타슈(B2V 기억 관측소), 위키피디아, 가스통 우브라르, 세르주 갱스부르, 마르셀 프루스트, 플라스틱 베르트랑, 자크 뒤트롱, 앙리프레데릭 아미엘, 장크리스토프 므뉘, 에르베 르 텔리에에게도 감사를 전한다.

참고문헌

Parlez-vous cerveau?
Lionel Naccache et Karine Naccache, Odile Jacob, 2018 (et podcasts de France Inter).

C3RV34U
collectif, sous la direction de Stanislas Dehaene, La Martiniere, 2014.

Sauvés par la sieste
Brice Faraut, Actes Sud, 2019.

Plongée au coeur du cerveau
collectif, National Geographic, 2018.

3 Minutes pour comprendre les 50 plus grands mécanismes du cerveau
Anil Seth, Le Courrier du Livre, 2017.

Co-Planar Stereotaxic Atlas of the Human Brain
Jean Talairach et Pierre Tournoux, Thieme Medical Publishers, 1988.

Cerveau & Psycho(잡지)

+ 그 밖에도 이 주제에 관한 수없이 많은 인터넷 페이지, 블로그, 팟캐스트, 비디오와 뉴스 기사.